DIANWANG DIAODU DIANXING SHIGU JI YICHANG
SHIYONG CHUZHI SHOUCE

电网调度典型事故及异常实用处置手册

国网浙江省电力公司温州供电公司 组编

中国电力出版社
CHINA ELECTRIC POWER PRESS

内 容 提 要

为适应电力调度控制专业岗位转型要求，国网浙江省电力公司温州供电公司组织编写了《电网调度典型事故及异常调度实用处置手册》，涵盖了电网调控运行人员日常工作重点。

全书共11章，包括输电线路、母线及母线设备、主变压器、断路器和隔离开关、电流互感器、无功补偿设备、继电保护装置、安全稳定自动装置、调度自动化系统、交直流系统及电网故障处理等。

本书可供电网调控运行人员参考学习，也可供电网调控专业新入职员工培训使用。

图书在版编目（CIP）数据

电网调度典型事故及异常实用处置手册/国网浙江省电力公司温州供电公司组编.—北京：中国电力出版社，2017.6（2018.5重印）

ISBN 978-7-5198-0830-3

Ⅰ.①电… Ⅱ.①国… Ⅲ.①电力系统调度—事故—处理—手册 Ⅳ.①TM73-62

中国版本图书馆CIP数据核字（2017）第118929号

出版发行：中国电力出版社
地　　址：北京市东城区北京站西街19号（邮政编码100005）
网　　址：http://www.cepp.sgcc.com.cn
责任编辑：闫姣姣（010-63412433）
责任校对：郝军燕
装帧设计：张俊霞　赵姗杉
责任印制：邹树群

印　　刷：三河市航远印刷有限公司
版　　次：2017年6月第一版
印　　次：2018年5月北京第二次印刷
开　　本：710毫米×980毫米　16开本
印　　张：7.5
字　　数：120千字
印　　数：2001—4000册
定　　价：35.00元

编　委　会

主　任　杨建华

副主任　周宗庚　江　涌　杨　振　项中明　蔡　娜

委　员　倪秋龙　肖艳炜　吴华华　奚洪磊

编　写　组

组　长　韩　峰

副组长　施正钗　俞　凯　邱承杰　夏海滨　张剑勋

成　员　叶　超　刘　梅　臧怡宁　黄琮桦　朱启伟

朱　燕　陆千毅　徐伟敏　吴利锋　余剑锋

丁　伟　李　英　袁金腾　卢娇月　刘津源

吴昌设　张雯燕

主　审　李国辉　周　封

前 言

近年来，国家电网公司大力推进大运行体系建设工作，各级调控机构全面实施调控一体化运作。调控机构由原先单一的电网调度运行转变为综合设备监控运行，由原先的被动接收信息型转变为主动接收、分析、判断信息的新型调度，给电网调控一体化运行人的岗位能力提出新的要求。为适应新形式的要求，国网浙江省电力公司温州供电公司组织编写了《电网调度典型事故及异常实用处置手册》，进一步提升调控员技术水平和专业素质，切实保障电网安全运行。

本书结合调度控制专业的岗位转型要求，紧扣提高调控人员专业技能水平和综合能力要求，通过对设备故障分析，给出调控处置策略。全书涵盖了电网调控运行人员在日常工作中涉及的主要方面，包括输电线路、母线及母线设备、主变压器、断路器和隔离开关、电流互感器、无功补偿设备、继电保护装置、安全稳定自动装置、调度自动化系统、交直流系统及电网故障处理等。

在本书编写过程中，得到了国网浙江电力调度控制中心和国网温州供电公司等单位有关领导和人员的关心与大力支持，在此一并表示衷心感谢。

由于编写时间仓促，编者水平有限，书中难免存在不妥或疏漏之处，恳请各位专家和读者批评指正。

编　者

2017 年 4 月

目　录

前言

第 1 章　输电线路 ······ 1
1.1　概述 ······ 1
1.2　输电线路异常处置 ······ 1
1.3　输电线路故障处置 ······ 2

第 2 章　母线及母线设备 ······ 9
2.1　概述 ······ 9
2.2　母线及母线设备异常处置 ······ 9
2.3　母线及母线设备故障处置 ······ 12

第 3 章　主变压器 ······ 16
3.1　概述 ······ 16
3.2　主变压器异常处置 ······ 19
3.3　主变压器事故处置 ······ 22

第 4 章　断路器和隔离开关 ······ 28
4.1　概述 ······ 28
4.2　断路器异常处置 ······ 28
4.3　隔离开关异常处置 ······ 31
4.4　GIS 设备异常处置 ······ 33

第 5 章　电流互感器 ······ 34
5.1　概述 ······ 34
5.2　电流互感器的异常及故障处置 ······ 34

第 6 章　无功补偿设备 …… 36
6.1　概述 …… 36
6.2　电容器的异常及故障处置 …… 36
6.3　并联电抗器异常及故障处置 …… 37

第 7 章　继电保护装置 …… 38
7.1　概述 …… 38
7.2　线路保护 …… 39
7.3　母线保护 …… 42
7.4　主变压器保护 …… 44
7.5　断路器保护装置故障 …… 47
7.6　无功设备保护 …… 48

第 8 章　安全稳定自动装置 …… 50
8.1　概述 …… 50
8.2　自动重合闸 …… 52
8.3　备用电源自动投入装置 …… 58
8.4　主变压器/线路过载联切负荷装置 …… 61
8.5　自动解列装置 …… 65
8.6　低频低压减负荷装置 …… 69

第 9 章　调度自动化系统 …… 72
9.1　概述 …… 72
9.2　厂站自动化系统 …… 74
9.3　远动通信系统 …… 80
9.4　调度自动化主站系统 …… 84

第 10 章　交直流系统 …… 87
10.1　概述 …… 87
10.2　交流系统异常处置 …… 88
10.3　直流系统异常处置 …… 89

第 11 章　电网故障处理 ………………………………………………………… 91
11.1　概述 ………………………………………………………………………… 91
11.2　事故处理原则 ……………………………………………………………… 91
11.3　事故处理一般规定 ………………………………………………………… 92
11.4　电网频率异常处理 ………………………………………………………… 93
11.5　电网电压异常处理 ………………………………………………………… 96
11.6　发电厂、变电站全停处理 ………………………………………………… 98
11.7　系统振荡处理 ……………………………………………………………… 100
11.8　电网黑启动 ………………………………………………………………… 102
11.9　发电机事故处理 …………………………………………………………… 104
11.10　通信及自动化异常处理 ………………………………………………… 106

第 1 章

输 电 线 路

1.1 概 述

输电线路是电网的基本组成部分，其分布范围广、数量多，常面临各种不同地理环境和气候环境的影响，因而容易发生故障，故障大多是由于过电压污闪、绝缘损坏、树障、外力破坏等因素造成的。线路跳闸事故是发电厂、变电站运行中最常见的故障之一，线路故障一般有单相接地、两相接地短路、两相短路和三相短路等多种形态，其中以单相接地最为频繁，占全部线路故障的95%以上。

我国的电力系统中性点接地方式主要有两种，即中性点直接接地方式（包括中性点经小电阻接地方式）和中性点不直接接地方式（包括中性点经消弧线圈接地方式）。一般 110、220kV 及以上系统为中性点直接接地方式，其中20kV 系统也属于中性点直接接地系统；一般 10、35kV 及以下系统为中性点不直接接地方式。这两种接地方式发生单相接地故障时处理方式略有不同，中性点不直接接地系统接地时只有较小的电容电流，一般为 1～20A，所以又叫小接地电流系统，对设备不利，可以运行 1～2h。中性点直接接地系统发生单相接地故障时，接地短路电流很大，所以又叫大接地电流系统。

1.2 输电线路异常处置

1.2.1 断股、绝缘子损坏或异物缠绕

（1）现象。监视后台无告警信号。

（2）影响。可能造成线路故障跳闸。

（3）调控处置。可考虑进行带电处理；在紧急情况下可考虑远方遥控操作紧急隔离，如需停役线路处理，应将负荷转移后，停役该线路。

1.2.2 线路过负荷

(1) 现象。监视后台发出"××线路电流越限"光字，线路三相电流均升高，超过额定值。

(2) 影响。可能造成计量装置和电气设备烧毁，对人身也有很大的危险。

(3) 调控处置。监控员应马上确认信号，做好记录并立即汇报相关调度，调度员可采取增加受端系统发电机出力，增加无功出力，提高系统电压；降低送端系统发电厂有功出力；解列机组；受端系统转移负荷或切除负荷；改变系统接线方式，使潮流转移等方式进行处理。

1.2.3 线路三相电流不平衡处理

(1) 现象。监视后台系统发出"××线路电流越限"光字，线路三相电流不平衡。

(2) 影响。不平衡电流会增加线路及变压器的铜损，增加变压器的铁损，降低变压器的出力甚至影响变压器的安全运行，会造成三相电压不平衡因而降低供电质量，甚至影响电能表的精度而造成计量损失。

(3) 调控处置。监控员应马上确认信号，做好记录并立即汇报相关调度，断路器非全相运行造成电流不平衡时，应立即拉开该断路器；单相接地造成三相电流不平衡时，应尽快消除或隔离故障点；负荷不平衡造成三相电流不平衡时，应改变运行方式或通知用户调整负荷分配；线路导线断股、绝缘子破损等缺陷引起三相电流不平衡时，应通知线路运维单位带电消缺，无法进行带电作业的线路，应停电消缺。

1.3 输电线路故障处置

输电线路常见故障按故障相别分为单相接地故障、相间短路故障和三相短路故障。按照故障种类可以分为短路故障和断线故障。按照故障影响性质又可以分为瞬时故障和永久故障。

1.3.1 引起线路事故跳闸的原因

(1) 架空输电线路倒杆塔事故。一般发生在台风、暴风雨、龙卷风等恶劣气候条件下。

（2）架空输电线路雷击跳闸事故。每年雷雨季节，线路都不同程度地被雷击，这是引起线路跳闸的主因素之一。

（3）外力破坏事故。输电线路通道内违章建房、堆物取土采石、植树、架设附属物和电力设施偷盗等现象造成破坏事故。

（4）导、地线覆冰事故。导线、避雷线覆冰，其荷载增加将会改变导线或避雷线的弧垂，并破坏金具、绝缘子串和引起倒杆断线，导致线路跳闸。

（5）导线舞动事故。当水平方向的风吹到因覆冰而变为非圆断面的输电导线时，会产生一定的空气动力，在一定条件下，将诱发导线产生一种低频率、大振幅的自激振动，由于其形态上下翻飞也称为舞动。由于输电线路的舞动易造成垂直排列的线路发生相间短路故障。

（6）鸟害闪络事故。多鸟的地区，成群的鸟停留在直线杆塔横担上，排粪堆积在绝缘子串上，降低其绝缘强度，在雨雾天气，绝缘子容易发生闪络，引起单相接地故障。

（7）污闪事故。烟尘、废气对线路绝缘子造成一定的污染，降低线路的绝缘强度，在雨雾天气，容易引起线路跳闸。

1.3.2 输电线路事故跳闸情况分析

（1）对于永久性故障，在正常情况下由于继电保护装置满足“四性”（可靠性、选择性、灵敏性、速动性）要求，且断路器满足遮断容量要求，同时短路冲击对系统的稳定性影响也不大，因此对故障的输电线路可以实施强送，继电保护应能正确动作，切除故障的输电线。

（2）对于外物碰线事故，一般情况下都会引起输电线路断股。输电线路断股（少部分）后，只要适当控制负荷，一般能够继续运行一段时间。

（3）对于雷击事故，有时由于输电线路绝缘恢复时间过长，重合闸时限无法躲过，而出现重合不成功现象。但运行经验及统计结果表明，输电线路受雷击后往往损伤不大，一般能够继续运行，因此强送成功的概率很高。

（4）对于越级跳闸重合不成功事故，可根据输电线路保护动作情况，并通过各种技术手段的分析获知，确认后可先将拒跳断路器断开，然后对该线路进行强送。

1.3.3 线路事故处理原则

（1）线路发生瞬时故障，断路器跳闸重合成功，监控员应记录故障时间，检查线路保护及故障录波器动作情况并做好记录，检查设备有无异常信号，并汇报调度员。

（2）线路发生事故，由于断路器或线路保护发生拒动，造成越级跳闸，调控人员必须在查明原因并隔离故障点后，再将越级跳闸断路器合闸送电。在未查明原因，没有隔离故障点前，禁止将越级跳闸断路器合闸送电，防止事故进一步扩大。

（3）线路保护装置在进行检修工作时（线路不停电），当断路器跳闸但又无故障录波，且对侧断路器未跳时，则应立即终止工作人员在二次回路上的工作，查明原因，采取相应的措施后试送（此时可能是保护通道漏退或误碰造成）。

（4）事故处理完毕后，调控人员要做好详细的事故记录，并根据断路器跳闸情况、保护及自动装置的动作情况、事件记录、故障录波以及处理情况，整理详细的现场事故报告。

（5）线路发生永久性故障时，监控员应记录故障时间，检查线路保护及故障录波器动作情况并做好记录，检查设备有无异常信号，应对断路器跳闸次数做好统计。然后可以采取如下处理模式：

1）对特别重要的线路或在特别时期（如重要保供电等），可根据国家电网公司《故障停运线路远方试送管理规范（暂行）》的规定进行试送。

2）在一般情况下，应由线路维护单位对输电线路经过的主要地段（如交叉跨越、公路、铁路、桥梁、河段、居民区等）进行检查，若无异常则对输电线路进行试送。

3）当输电路线故障时伴有明显的故障现象，如火光、爆炸声等，不应马上强送，需检查设备后再考虑强送，且强送成功后要适当控制输电线路的电流，并马上通知线路维护单位组织查线，以便在第一时间内获得故障信息。

1.3.4 线路强送电的原则

1.3.4.1 线路强送电的规定

（1）正确选择线路强送端，必要时改变接线方式后再强送电，要考虑到降低短路容量和对电网稳定的影响。

（2）强送端母线上必须有中性点直接接地的变压器。

（3）线路跳闸或重合不成功的同时，伴有明显系统振荡时，不应马上强送，需检查并消除振荡后再考虑是否强送电。

（4）强送断路器及附属设备完好，保护健全、完善。

（5）强送电时，母差保护应有选择地投入使用，并具有后备接线保护，使得一旦断路器拒绝跳闸时，不致造成双母线全停。当一条母线运行时，尽量避免强送线路。

1.3.4.2　线路跳闸后不得再进行强送电的情况

（1）空载充电状态的备用线路。

（2）试运行线路。

（3）线路跳闸后，经备用电源自动投入已将负荷转移到其他线路上，不影响供电。

（4）电缆线路。

（5）线路有带电作业工作。

（6）线路变压器组断路器跳闸，重合不成功。

（7）运行人员已发现明显的故障现象时。

（8）线路断路器有缺陷或遮断容量不足的线路。

（9）已掌握有严重缺陷的线路（水淹、杆塔严重倾斜、导线严重断股等）。

1.3.5　线路事故处理方法

1.3.5.1　220kV线路故障跳闸且重合闸动作成功

（1）现象。监视后台有事故音响，并伴随“××线路第一套保护动作”“××线路第二套保护动作”“××线路开关分闸”“××线路保护重合闸动作”“××线路开关合闸”等信号。

（2）调控处置。监控员应马上确认信号，立即汇报相关调度并做好记录，调度员掌握保护动作情况、故障相别、故障录波器测距等信息，通知线路运维人员对故障线路的事故带电巡线工作。

1.3.5.2　220kV线路故障跳闸且重合闸动作不成功未造成失电

（1）现象。监视后台有事故音响，并伴随“××线路第一套保护动作”“××线路第二套保护动作”“××线路开关分闸”“××线路保护重合闸动作”“××线路开关合闸”“××线路第一套保护动作”“××线路第二套保护动作”“××线路开关分闸”等信号。

（2）调控处置。监控员应马上确认信号，立即汇报相关调度员并做好记录，通知线路运维人员对故障线路的事故带电巡线工作，在掌握保护动作情况、故障相别、故障录波器测距等信息后，如监视后台无异常信号，断路器故障跳闸次数在允许范围内，符合远方试送条件，可进行远方试送。

1.3.5.3 220kV线路故障跳闸且重合闸动作不成功造成变电站失电

（1）现象。监视后台有事故音响，并伴随"××线路第一套保护动作""××线路第二套保护动作""××线路开关分闸""××线路保护重合闸动作""××线路开关合闸""××线路第一套保护动作""××线路第二套保护动作""××线路开关分闸"等信号。

（2）调控处置。监控员应马上确认信号，立即汇报相关调度并做好记录，通知线路运维人员对故障线路的事故带电巡线工作。在掌握保护动作情况、故障相别、故障录波器测距等信息后，如监视后台无异常信号，断路器故障跳闸次数在允许范围内，符合远方试送条件，可进行远方试送。

若220kV终端变压器两条220kV线路同时跳闸导致220kV变电站全部失电，根据保护动作情况，从系统侧对220kV线路分别强送一次，如均失败，通过110kV系统倒送电。

1.3.5.4 110kV线路故障跳闸且重合闸动作成功

（1）现象。监视后台有事故音响，并伴随"××线路保护动作""××线路开关分闸""××线路保护重合闸动作""××线路开关合闸"等信号。

（2）调控处置。监控员应马上确认信号，立即汇报相关调度并做好记录，调度员掌握保护动作情况、故障相别、故障录波器测距等信息，许可线路运维人员对故障线路的事故带电巡线工作。

1.3.5.5 110kV线路故障跳闸且重合闸动作未成功，下送站备自投正确动作，未造成失电

（1）现象。监视后台有事故音响，并伴随"××线路保护动作""××线路开关分闸""××线路保护重合闸动作""××线路开关合闸""××线路开关分闸""××开关备自投动作""××线路开关合闸"等信号。

（2）调控处置。监控员应马上确认信号，立即汇报相关调度并做好记录，调度员掌握保护动作情况、故障相别、故障录波器测距等信息，许可线路运维人员对故障线路的事故带电巡线工作，并关注备自投动作后相关设备断面情况。

1.3.5.6 110kV线路故障跳闸且重合闸动作未成功，下送站备自投未动作或未投入，造成变电站失电

（1）现象。监视后台有事故音响，并伴随"××线路保护动作""××线路开关分闸""××线路保护重合闸动作""××线路开关合闸""××线路保护动作""××线路开关分闸"等信号。

（2）调控处置。监控员应马上确认信号，立即汇报相关调度并做好记录，调度员掌握保护动作情况、故障相别、故障录波器测距等信息，许可线路运维人员对故障线路的事故带电巡线工作。

若110kV线路所连变电站为双电源供电，考虑隔离故障点，用备用线路送电，送电时注意相应的主变压器、线路是否过负荷。

若110kV线路所连变电站为单电源供电，监控后台无异常信号，断路器故障跳闸次数在允许范围内，可以分情况考虑强送。

1）全电缆线路和电缆与架空线路混合线路：不予强送电，考虑低压侧倒送电转供重要负荷。

2）架空线路：可以在不查明故障情况下进行一次强送。为防止励磁涌流过大，应逐级送电。若强送失败，考虑低压侧倒送电转供重要负荷。

1.3.5.7　35kV线路故障跳闸且重合闸成功

（1）现象。监视后台有事故音响，并伴随"××线路保护动作""××线路开关分闸""××线路保护重合闸动作""××线路开关合闸"等信号。

（2）调控处置。监控员应马上确认信号，立即汇报相关调度并做好记录，通知线路运维人员对故障线路的事故带电巡线工作。

1.3.5.8　35kV线路故障跳闸且重合闸动作不成功造成变电站失电，下送站备自投正确动作，未造成失电

（1）现象。监视后台有事故音响，并伴随"××线路保护动作""××线路开关分闸""××线路保护重合闸动作""××线路开关合闸""××线路保护动作""××线路开关分闸""××开关备自投动作""××线路开关合闸"等信号。

（2）调控处置。监控员应马上确认信号，立即汇报相关调度并做好记录，许可线路运维人员对故障线路的事故带电巡线工作，并关注备自投动作后相关设备断面情况。

1.3.5.9　35kV线路故障跳闸且重合闸动作未成功，下送站备自投未动作或未投入，造成变电站失电

（1）现象。监视后台有事故音响，并伴随"××线路保护动作""××线路开关分闸""××线路保护重合闸动作""××线路开关合闸""××线路保护动作""××线路开关分闸"等信号。

（2）调控处置。监控员应马上确认信号，立即汇报相关调度并做好记录，通知线路运维人员对故障线路的事故带电巡线工作。

若35kV线路所连变电站为双电源供电，考虑隔离故障点，用备用线路送电，送电时注意相应的主变压器、线路是否过负荷。

若35kV线路所连变电站为单电源供电，监控后台无异常信号，断路器故障跳闸次数在允许范围内，可以分情况考虑强送。

1）全电缆线路和电缆与架空线路混合线路：不予强送电，考虑低压侧倒送电转供重要负荷。

2）架空线路：可以在不查明故障情况下进行一次强送。为防止励磁涌流过大，可考虑逐级送电。若强送失败，考虑低压侧倒送电转供重要负荷。

第2章

母线及母线设备

2.1 概　　述

母线又叫汇流排，是发电厂、变电站中构成电气主接线的主要设备，具有汇集、分配和传送电能的作用。母线分为软母线和硬母线，硬母线按其形状不同又分为矩形母线、槽形母线、管形母线等，目前220kV及以下变电站中最常用的为矩形母线，也称母线排，500kV变电站中常采用分裂的软导线和铝合金管形母线。

母线的接线方式有单母线、双母线、三母线、3/2断路器接线、4/3断路器接线、母线—变压器—发电机组单元接线、桥形接线、角形接线、环形接线、线路变压器组等多种形式，在电力系统中较为常见的接线方式主要有单母线（包括单母线分段）、双母线（包括双母线分段、双母线带旁路、双母线分段带旁路）、3/2断路器接线、桥形接线（主要为内桥接线）以及线路—变压器组接线。其中，单母线、内桥接线、线路—变压器组这三种接线方式主要应用于110kV及以下电压等级的变电站中，双母线主要应用于220kV及以上电压等级的变电站中，3/2断路器接线方式主要应用于500kV电压等级的变电站中。

电压互感器（TV）用于将不易直接测量的高电压按比例转换成可以测量的低电压，再连接到测量仪表以及继电保护装置中去，供保护、测量以及自动装置等使用。通常电压互感器是并联到电路中，其不能短路运行，且二次侧必须接地。

2.2 母线及母线设备异常处置

2.2.1 母排发热

在环境温度为25℃时，母线接头允许运行温度为70℃，在特殊情况下，如其接触面有一层锡覆盖或超声波搪锡时，温度允许提高到 85℃，闪光焊时温度允许提高到 100℃，否则都可认为母线接头发热。

（1）现象。母排温度过高。

（2）原因。导线接头在运行过程中，常因氧化、腐蚀、连接螺栓未紧固等原因而产生接触不良，使接头处的电阻远大于同长度导线的电阻，当电流通过时，电流的热效应使接头处导线的温度升高，从而造成母排过热。

（3）影响。铜排长期发热的话断路器本体也会发热，因为热量会通过铜排、触头等结构传递到断路器上桩，造成灭弧栅、支撑件、外壳变形等。当二次线贴着铜排布置时，长期发热致使二次导线外皮绝缘损坏，造成出线侧短路等事故。

（4）调控处置。一般在接到现场运维人员母线接头发热的汇报后，调度员首先根据环境温度、负荷情况及母线接头温度的高低综合判断是否为紧急缺陷，若温度还未达到紧急缺陷的要求时，先通知运维人员定时跟踪测温，再根据测温情况决定是否要转移负荷等；若温度已达到紧急缺陷，需要立即处理的，调度员应立即安排倒负荷处置。

2.2.2 谐振

电力系统中，设备大部分由电容、电感等元件组成，从而组成了极其复杂的振荡回路，正常运行情况下，一般不会发生振荡现象。当电网发生故障或进行特定操作时，某一回路中感抗和容抗相等时，就会发生振荡现象，从而造成电网局部发生过电压，称为谐振过电压。

我国 35kV 及以下配电网大部分采用中性点不接地运行方式，其中运行着大量的电磁式电压互感器，这些器件具有非线性电磁特性，它们与系统中的容性元件在参数匹配时就会发生铁磁谐振，产生极高的谐振过电压。

（1）现象。

1）电压互感器发生基波谐振时：两相对地电压升高，另一相降低，或是两相对地电压降低，另一相升高；

2）电压互感器发生分频谐振时：三相电压同时或依次轮流升高；

3）电压互感器发生谐振时其线电压指示不变。

（2）原因。

1）中性点不接地系统发生单相接地、单相断线或跳闸，三相负荷严重不对称等。

2）倒闸操作过程中，运行方式恰好构成谐振条件或断路器不同期合闸时，都会引起谐振过电压。

3）断开断口装有并联电容器的断路器时，如并联电容器的电容和回路电压互感器的电感参数匹配时也会发生谐振过电压。

（3）影响。当谐振过电压发生时，由于互感器的铁芯饱和，导致其绕组的励磁电流大大增加，从而引起互感器高压熔断器熔断，造成继电保护和自动装置误动作；互感器喷油、绕组烧毁甚至爆炸；设备绝缘击穿，严重威胁电网的安全运行。

（4）调控处置。当母线发生谐振时，要尽量破坏谐振条件，可采取以下措施：

1）投退电容器；

2）拉空充线路；

3）拉电缆线路；

4）改变系统接线方式；

5）改变操作顺序。

2.2.3　电压互感器本体异常

（1）现象。现场发现母线电压互感器有异常声响或外部变形，一次侧绝缘损伤而冒烟，绕组与外壳或引线与外壳之间有火花放电现象。

（2）原因。

1）产品质量不好，产品本身绝缘、铁芯叠片及绕制工艺不过关等，均可能导致电压互感器发热过量，从而导致绝缘加速老化，引起匝间、层间短路，出现击穿。

2）电压互感器二次负荷偏重，一、二次电流较大，使二次侧负荷电流总和超过额定值，造成电压互感器内部绕组发热增加，尤其是在电压高于电压互感器额定电压情况下，电压互感器内部发热更加严重；另外，该系统属于中性点非有效接地系统，故一次侧电压在运行中容易发生偏斜，当某相出现高电压时，该相电压互感器更加容易发生热膨胀爆裂。

3）由于铁磁谐振过电压而造成电压互感器被击穿损坏。

（3）影响。若故障电压互感器不及时处理，可能进一步发展发生爆炸，严重时故障将波及相邻间隔或母线上，扩大事故停电范围。

（4）调控处置。对有明显故障的电压互感器禁止用闸刀进行操作，也不得将故障的电压互感器与正常运行的电压互感器进行二次并列，应在尽可能转移故障电压互感器所在母线上的负荷后，用开关来切断故障电压互感器电源并迅速隔离。

注意事项：系统单相接地引起的高电压有可能造成电压互感器绝缘损坏引起内部故障，外部发生变形，或者内部出现异常声响，因此运行人员应加强对电压互感器的巡查。故障电压互感器隔离后，所在母线进行送电时应取其他正常电压互感器的二次电压。

2.2.4 电压互感器二次回路异常

（1）现象。连接在该段母线上的间隔“交流电压回路断线”光字牌亮，各保护装置出现“TV 断线”信号；监视后台母线电压异常、电压并列、切换装置的输出电压不正常等情况。

（2）原因。主要集中为电压互感器二次电压空气开关跳开，电压并列、切换装置本身、母联断路器辅助触点、电压互感器一次刀闸接点、电压重动继电器、二次回路接触不良等。

（3）影响。造成变电站里与电压有关的继电保护装置如与电压有关的方向保护、距离保护、零序方向保护、其他采用交流二次电压的装置及采用外部开口三角电压的零序电压保护全部受到影响，造成保护拒动或者误动。

（4）调控处置。通知运维人员现场检查处理，并做好设备停役的准备。

2.3 母线及母线设备故障处置

2.3.1 中性点接地系统

2.3.1.1 220kV 母线及母线设备故障

（1）现象。监视后台事故音响动作，事故总信号动作，220kV 母差保护动作，与该母线相连的所有开关分闸，母线失压等。

（2）原因。

1）GIS 管状母线 SF_6 气体泄漏故障引发短路故障；

2）母线上有异物造成短路故障；

3）母线上所接设备绝缘损坏或发生闪络且故障点在母差保护范围内，造成母差保护动作；

4）失灵保护动作启动母差。

（3）影响。造成220kV变电站母线、主变压器等设备失电，严重时可能造成220kV变电站全站失电，属于五级电网事故。

（4）调控处置。当母线发生故障停电时，应尽快找到故障点并利用母分开关、母联开关或母分闸刀进行隔离，恢复对正常母线的送电，并恢复对重要线路供电。若找不到故障点，有条件的可以利用外部电源对故障母线进行试送电，试送开关应有快速保护（或更改保护时限），并及时通知有关部门和检修单位。

2.3.1.2　110kV母线及母线设备故障

（1）现象。220kV变电站110kV母线故障时，“母差保护动作”光字牌亮，与该母线相连的所有开关分闸，母线失压。110kV内桥接线变电站母线故障时，“主变差动保护动作”光字牌亮，主变压器各侧开关事故分闸；110kV单母（分段）接线变电站母线故障时，进线电源侧线路保护Ⅱ段或Ⅲ段动作，变电站只有失压的信号。

（2）原因。

1）GIS管状母线SF_6气体泄漏故障引发短路故障；

2）母线上有异物造成短路故障；

3）母线上所接设备绝缘损坏。

（3）影响。造成220kV变电站110kV母线失电或110kV变电站母线、主变压器等设备失电，严重时可能造成110kV变电站全站失电。

（4）调控处置。当母线发生故障停电时，应尽快找到故障点并利用母分开关、母联开关或母分闸刀进行隔离，恢复对正常母线的送电，并恢复对重要线路供电。若找不到故障点，有条件的可以利用外部电源对故障母线进行试送电，试送开关应有快速保护（或更改保护时限），并及时通知有关部门和检修单位。

没有装设母差保护的母线发生故障时，分为以下四种情况：

1）内桥接线变电站：进线侧母线属于主变压器差动保护范围，故障表现为主变压器差动保护动作。

2）不完整内桥接线变电站：没有接主变压器的母线属于电源侧线路保护Ⅱ段（Ⅲ段）动作范围，接有主变压器的母线属于主变压器差动保护范围。

3）单母（分段）接线变电站：如果母线故障，表现为电源侧线路保护Ⅱ段或Ⅲ段动作，应注意检查站内设备是否故障，避免盲目对线路送电造成二次跳闸。

2.3.1.3 20kV 母线及母线设备故障

（1）现象。20kV 母线故障时，相应侧主变压器后备保护动作，第一时限跳开母分开关，第二时限跳开主变压器开关；20kV 母线设备（包括出线、电容器、站用变压器等）接地时，相应的继电保护动作，开关事故分闸，将故障设备隔离。

（2）原因。

1）母线上有异物造成接地故障；

2）母线上所接设备绝缘损坏。

（3）影响。严重时可能造成越级跳闸，扩大事故范围。

（4）调控处置。应尽快找到故障点并利用母分开关、母联开关或母分闸刀进行隔离，恢复对正常母线的送电，并恢复对重要线路供电。若找不到故障点，有条件的可以利用外部电源对故障母线进行试送电，试送开关应有快速保护（或更改保护时限），并及时通知有关部门和检修单位。

2.3.2 中性点不接地系统

电力系统中，35kV 及以下（除 20kV 外）系统属于中性点不接地系统，当系统中某一点接地时，不构成短路回路，故障电流较负荷电流小得多，一般可以运行 2h。

2.3.2.1 10、35kV 母线单相接地故障

（1）现象。监视后台“母线单相接地”光字牌亮，接地故障相电压降低或为 0，非故障相电压升高为线电压，零序电压 $3U_0$ 升高。

（2）原因。与母线相连的设备有接地现象。

（3）影响。若同时有两个及以上接地点时，就会引起相间短路故障，从而引起开关跳闸，严重时可能引起越级跳闸，扩大事故范围。

（4）调控处置。当发生接地故障时，首先应通过试拉的方法查找接地故障点，找到故障点时应将故障点隔离，并及时通知有关部门和检修单位。

2.3.2.2 10、35kV 母线电压互感器高压熔丝熔断故障

（1）现象。电压互感器高压熔丝一相或两相熔断时，监视后台“母线单相接地”光字牌亮，熔断相电压降低或为 0，其他相电压不变，$3U_0$ 升高。

（2）原因。造成电压互感器熔丝熔断的主要原因有系统电压偏高、电网发生故障时的过电压、投切电容电抗器时的操作过电压、雷击、谐振等。

（3）影响。单母线电压互感器可能造成线路和主变压器保护中“距离”“方向元件”和“电压闭锁”功能的退出（有“本侧电压退出”硬压板的可以将该压板投入，以消除本侧电压互感器故障的影响），多侧电源的变电站将导致保护失去方向性而与上下级保护失配，保护可能误动。

（4）调控处置。当发生高压熔丝熔断故障时，需要将电压互感器停电改检修更换，电压互感器改检修时应注意二次侧的并列。

2.3.2.3 10、35kV 母线电压互感器低压熔丝熔断故障

（1）现象。电压互感器低压熔丝一相或两相熔断时，熔断相电压降低或为0，其他相电压不变，三倍零序电压 $3U_0$ 不变。

（2）原因。造成电压互感器熔丝熔断的主要原因有系统电压偏高、电网发生故障时的过电压、投切电容电抗器时的操作过电压、雷击、谐振等。

（3）影响。单母线电压互感器可能造成线路和主变压器保护中“距离”“方向元件”和“电压闭锁”功能的退出（有“本侧电压退出”硬压板的可以将该压板投入，以消除本侧电压互感器故障的影响），多侧电源的变电站将导致保护失去方向性而与上下级保护失配，保护可能误动。

（4）调控处置。当发生低压熔丝熔断故障时，通知运行人员可以带电更换。

注：电压互感器的高低压熔丝熔断现象有所不同，高压侧熔丝熔断的电压互感器二次侧还有少量感应电压（三绕组电压互感器为33.3V、四绕组电压互感器为57.7V），低压侧熔丝熔断的电压互感器二次侧电压基本为零。

第3章

主　变　压　器

3.1 概　　述

3.1.1　主变压器工作原理

变压器由绕在同一铁芯上的两个或两个以上的绕组组成，绕组之间通过交变磁场相联系并按电磁感应原理工作。电力主变压器是一种静止的电气设备，用来将某一数值的交流电压（电流）变成频率相同的另一种或几种数值不同的电压（电流）的设备。当一次绕组通以交流电时，就产生交变的磁通，交变的磁通通过铁芯导磁作用，会在二次绕组中感应出交流电动势。二次感应电动势的高低与一、二次绕组匝数的多少有关，即电压大小与匝数成正比。

电力变压器是发电厂和变电站的主要设备之一。变压器不仅能升高电压把电能送到用电地区，还能把电压降低为各级使用电压，以满足用电的需要，是电力系统中升压与降压的重要设备。

3.1.2　主变压器基本结构

变压器主要由铁芯、绕组、变压器油、油箱、绝缘套管、储油柜和冷却装置7个部分组成。

（1）铁芯。铁芯是电磁感应原理中的磁路，也是变压器的骨干，主要由铁芯柱和铁轭两部分组成。铁芯柱套上绕组，铁轭将铁芯柱相连接构成一个完整的电磁回路。为防止铁芯中部分感应电位过高而击穿放电，运行中的电压器铁芯必须可靠接地。

（2）绕组。绕组就是缠绕在铁芯上的线圈，主要构成变压器的电回路。连接高电压等级的绕组，称为高压绕组；连接低电压等级的绕组，称为低压绕组。

高低压绕组在铁芯上的排列位置主要有同心式和交替式两种。

同心式就是低压绕组缠绕在铁芯柱上，高压绕组缠绕在低压绕组的外侧，这样主要是便于绝缘。交替式就是高、低压绕组交替缠绕在铁芯柱上，低压绕组靠近铁轭部分。由于交替式绕组排列方式对变压器制作工艺要求较高，目前绝大部分电力变压器都采用同心式排列方式。

（3）变压器油。变压器油是石油的一种分馏产物，它的主要成分是烷烃，环烷族饱和烃，芳香族不饱和烃等化合物。变压器的铁芯、绕组都浸泡在变压器油中。其绝缘强度较空气高得多，因此绝缘材料浸在油中，可提高绝缘强度，而且变压器油的比热大，常用作冷却剂。

（4）油箱。油箱即变压器的外壳。箱体内放置有变压器铁芯和绕组，并充满了变压器油，起到一定的冷却作用。箱体一般由钢板焊接而成，具有一定的机械强度，满足变压器运行、检修的要求。目前，一般大型电力变压器的油箱都采用钟罩式。采用钟罩式油箱可以方便运输，便于进行检修工作的开展。除了本体油箱外，有载变压器还带有有载调压油箱（由于有载开关在操作过程中会产生电弧，破坏变压器油的绝缘效果，因此设置有载调压油箱，装载有载调压装置）。

（5）绝缘套管。绝缘套管是用于将变压器内部的引线引出到油箱外部，并起到固定引线的作用。对于变压器绝缘套管而言，要求其具备足够的机械强度和良好的热稳定性能。

套管主要由带电部分和绝缘部分组成。带电部分有导电杆式和穿缆式两种；绝缘部分分为内绝缘和外绝缘，内绝缘主要为变压器油、附加绝缘和电容式绝缘，外绝缘有套管和硅橡胶两种。

（6）储油柜。储油柜是变压器油储存的组件，位于变压器油箱的上方，与变压器油箱相连。当变压器油随温度的上升而膨胀时，多余的油储存在储油柜内；当油随温度的下降而收缩时，储油柜内的油会补充油箱的不足。储油柜还与吸湿器相连，通过吸湿器能过滤进入储油柜空气内的水分。在变压器正常运行过程中，储油柜内的变压器油不参加油箱内的油循环，维持在正常室外温度，能降低油的氧化。

储油柜一般还配有油位计，便于运行人员检查储油器的油位高度。

（7）冷却装置。运行中的变压器由于存在铜损和铁损而会发热，过高的温度对变压器本身造成巨大的危险，因此变压器必须配上冷却装置，降低运行温度。变压器的冷却装置主要通过促使变压器油产生对流，将变压器的热量导送出去，起到降温的效果。目前，常用的变压器冷却装置冷却方式有以下 5 种：

油浸式空气自然冷却、油浸式风冷、强迫油循环风冷、强迫油循环水冷及强迫油循环导向冷却。

冷缺装置主要由热交换器、风扇、电动机、气道、油泵、油流指示器、控制设备等组成。

3.1.3 主变压器分类和命名

电力变压器按用途分类：升压（发电厂 6.3kV/10.5kV 或 10.5kV/110kV 等）、联络（变电站间用 220kV/110kV 或 110kV/10.5kV）、降压（配电用 35kV/0.4kV 或 10.5kV/0.4kV）。

电力变压器按相数分类：单相、三相。

电力变压器按绕组分类：双绕组（每相装在同一铁芯上，一、二次绕组分开绕制、相互绝缘）、三绕组（每相有三个绕组，一、二次绕组分开绕制、相互绝缘）、自耦变压器（一套绕组中间抽头作为一次或二次输出）。

电力变压器按绝缘介质分类：油浸变压器（阻燃型、非阻燃型）、干式变压器、110kV SF_6 气体绝缘变压器。

一般主变压器命名包含：变压器绕组数＋相数＋冷却方式＋是否强迫油循环＋有载或无载调压＋设计序号＋“－”＋容量＋高压侧额定电压等几部分，具体方式如下。

（1）绕组耦合方式：独立（不标）；自耦（O 表示）。

（2）相数：单相（D）；三相（S）。

（3）绕组外绝缘介质；变压器油（不标）；空气（G）；气体（Q）；成型固体浇注式（C）；包绕式（CR）；难燃液体（R）。

（4）冷却装置种类；自然循环冷却装置（不标）；风冷却器（F）；水冷却器（S）。

（5）油循环方式：自然循环（不标）；强迫油循环（P）。

（6）绕组数；双绕组（不标）；三绕组（S）；双分裂绕组（F）。

（7）调压方式：无励磁调压（不标）；有载调压抑（Z）。

（8）线圈导线材质：铜（不标）；铜箔（B）；铝（L）；铝箔（LB）。

（9）铁芯材质；电工钢片（不标）：非晶合金（H）。

（10）特殊用途或特殊结构：密封式（M）；串联用（C）；启动用（Q）；防雷保护用（B）；调容用（T）；高阻抗（K）；地面站牵引用（QY）；低噪声用（Z）；电缆引出（L）；隔离用（G）；电容补偿用（RB）；油田动力照明用

（Y）；厂用变压（CY）；全绝缘（J）；同步电机励磁用（LC）。

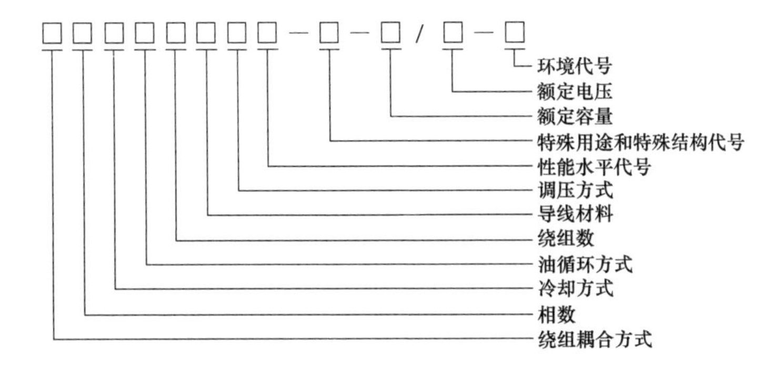

3.2 主变压器异常处置

3.2.1 主变压器油温高

（1）现象。监视后台“主变油温高告警”“主变绕组温度高”光字牌亮。

（2）原因。

1）变压器冷却器运行不正常。

2）运行电压过高。

3）潜油泵故障或检修后电源的相序接反。

4）散热器阀门没有打开。

5）变压器长期过负荷。

6）内部有故障。

7）温度计损坏。

8）冷却器全停。

（3）影响。变压器顶层油温最高不得超过95℃，正常工作时为了防止绝缘油加速劣化，变压器的顶层油温一般不宜经常超过85℃。当变压器上层油温达到85℃时，调控端会发出主变压器“温度高”信号，当变压器绕组温度达到105℃发出主变压器“绕组温度高”信号；当变压器上层油温达到105℃时，发出主变压器“温度过高”信号，并跳开主变压器三侧开关；当变压器绕组温度达到115℃时，发出主变压器“绕组温度过高”信号，并跳开主变压器三侧开关；在冷却器全停情况下，当变压器上层油温达到100℃时，发出主变压器“冷控失电”信号，并跳开主变压器三侧开关（现暂不投跳闸）。

（4）调控处置。

1）若温度升高的原因是由于冷却系统的故障且在运行中无法修复，应将变压器停运修理；若不能立即停运修理，则应按现场规程规定调整变压器的负荷至允许运行温度的相应容量，并尽快安排处理。

若冷却装置未完全投入或有故障，应立即处理，排除故障。若故障不能立即排除，则必须降低变压器运行负荷，按相应冷却装置冷却性能与负荷的对应值运行。

2）如果温度比平时同样负荷和冷却温度下高出 10℃以上或变压器负荷、冷却条件不变而温度不断升高，温度表计又无问题，则认为变压器已发生内部故障，如铁芯烧损、绕组层间短路等，应投入备用变压器，停止故障变压器运行并联系检修人员进行处理。

3）若经检查分析是变压器内部故障引起的温度异常，则立即停运变压器，尽快安排处理。

4）若由变压器过负荷运行引起，在顶层油温超过 105℃时，应立即降低负荷。

5）如果三相变压器组中某一相油温升高，且明显高于该相在过去同一负荷在同样冷却条件下的运行油温，而冷却装置、温度计均正常，则过热可能是由变压器内部的某种故障引起。此时应通知专业人员立即取油样做色谱分析并进一步查明故障。若色谱分析表明变压器存在内部故障或变压器在负荷及冷却条件不变的情况下油温不断上升，则应按现场规程规定将变压器退出运行。

3.2.2 主变压器本体油位异常

（1）现象。监视后台“本体油位异常”光字牌亮。

（2）原因。

1）指针式油位计出现卡针等故障。

2）隔膜或胶囊下面蓄积有气体使隔膜或胶囊高于实际油位。

3）吸湿器堵塞使油位下降时空气不能进入，油位计指示将偏高。

4）胶囊或隔膜破裂使油进入胶囊或隔膜以上的空间，油位计指示可能偏低。

5）温度计指示不准确。

6）变压器漏油使油量减少。

（3）影响。当油位过低到一定程度时会造成轻瓦斯动作告警。严重缺油时会使油箱内绝缘暴露受潮降低绝缘性能、影响散热，甚至引起绝缘故障。

当油位过高达到一定程度时会造成调压油箱油位不断升高，变压器油溢出。

（4）调控处置。

1）油位过低的处理：

若变压器无渗漏油现象，但油位明显低于当时温度下应有的油位，检查油温曲线没有突变时，应尽快补油。

若变压器大量漏油造成油位迅速下降时，应立即采取措施制止漏油。若不能制止漏油且低于油位计指示限度时应立即将变压器停运。

对有载调压变压器，当主油箱油位逐渐降低，而调压油箱油位不断升高，以至从吸湿器中漏油，可能是主油箱与有载调压油箱之间密封损坏，造成主油箱的油向调压油箱内渗。应将变压器停运转检修。

2）油位过高的处理：

如果变压器油位高出油位计的最高指示，且无其他异常时。为了防止变压器油溢出，则应放油到适当高度，同时应注意油位计、吸湿器和防爆管是否堵塞避免因假油位造成误判断。放油时应先将重瓦斯改接信号。

变压器油位因温度上升有可能高出油位指示极限，经查明不是假油位所致时，应放油使油位降至与当时油温相对应的高度以免溢油。

3.2.3 主变压器套管渗漏油

（1）现象。主变压器套管处出现渗漏油。

（2）原因。

1）阀门系统、蝶阀胶垫材质不良、安装不良、放油阀精度不高，螺纹处渗漏。

2）高压套管基座电流互感器出线桩头胶垫处不密封或无弹性，造成接线桩头胶垫处渗漏。小绝缘子破裂，造成渗漏油。

3）胶垫不密封造成渗漏。

4）设计制造不良。

（3）影响。套管外部是污秽或破损裂纹，有可能会造成主变压器内部油位下降，造成主变压器内部油位过低。此外套管外部渗漏油会造成套管污秽，绝缘下降。

（4）调控处置。

1）套管严重渗漏或瓷套破裂时，变压器应立即停运。更换套管或消除放电现象，经电气试验合格后方可将变压器投入运行。

2）套管油位异常下降或升高，包括利用红外测温装置检测油位，确认套管发生内漏；当确认油位已漏至金属储油柜以下时，变压器应停止运行，进行处理。

3）套管末屏有放电声时，应将变压器停止运行，并对该套管做试验。

3.2.4 主变压器冷却系统故障

（1）现象。监视后台“主变冷却装置故障”光字牌动作。

（2）原因。

1）冷却器的风扇或油泵电动机过载，热继电器动作。

2）风扇、油泵本身故障（轴承损坏，摩擦过大等）。

3）电动机故障（缺相或断线）。

4）热继电器整定值过小或在运行中发生变化。

5）控制回路继电器故障。

6）回路绝缘损坏，冷却器组空气开关跳闸。

7）冷却器动力电源消失。

8）冷却器控制回路电源消失。

9）一组冷却器故障后，备用冷却器由于自动切换回路问题而不能自动投入。

（3）影响。

主变压器风扇冷却器故障，会造成主变压器油温过高，当变压器上层油温达到105℃时，发出主变压器“温度过高”信号，并跳开主变压器三侧开关，当变压器绕组温度达到115℃时，发出主变压器“绕组温度过高”信号，并跳开主变压器三侧开关；在冷却器全停情况下，当变压器上层油温达到100℃时，发出主变压器“冷控失电”信号，并跳开主变压器三侧开关。

（4）调控处置。

1）尽快恢复冷却装置电源。

2）当冷却装置电源短时无法恢复而主变压器油温过高时，应采取负荷转移等措施降低油温，必要时可拉停主变压器。

3.3 主变压器事故处置

不同于异常信息，主变压器事故伴随着大量光字和跳闸信号，很多情况下还伴随着用户侧失负荷情况，需要谨慎对待。

3.3.1 主变压器瓦斯保护

主变压器瓦斯保护动作分为轻瓦斯保护动作和重瓦斯保护动作，分别由轻瓦斯动作和重瓦斯动作光字牌。严格意义上讲，轻瓦斯动作属于异常类型。

轻气体继电器由开口杯、干簧触点等组成，作用于信号。重气体继电器由挡板、弹簧、干簧触点等组成，作用于跳闸。正常运行时，气体继电器充满油，开口杯浸在油内，处于上浮位置，干簧触点断开。当变压器内部故障时，故障点局部发生过热，引起附近的变压器油膨胀，油内溶解的空气被逐出，形成气泡上升，同时油和其他材料在电弧和放电等的作用下电离而产生瓦斯。当故障轻微时，排出的瓦斯气体缓慢上升而进入气体继电器，使油面下降，开口杯产生的支点为轴逆时针方向的转动，使簧触点接通，发出信号。

当变压器内部故障严重时，将产生强烈的瓦斯气体，使变压器的内部压力突增，产生很大的油流向油枕方向冲击，因油流冲击挡板，挡板克服弹簧的阻力，带动磁铁向干簧触点方向移动，使干簧触点接通，作用于跳闸。

轻重瓦斯的动作原理是不一样的，轻瓦斯是由于气体聚集在朝下的开口杯内使开口杯在变压器油浮力的作用下，上浮接通继电器，发出报警，反应变压器内故障轻微，变压器油受热分解产生了气体。而重瓦斯是由于变压器内有严重的故障，使变压器油受热迅速膨胀冲向油枕时，重瓦斯内挡板被冲开一定角度，接通继电器，产生信号。

3.3.1.1 轻瓦斯保护动作

（1）现象。监视后台发出“本体轻瓦斯动作”信号。

（2）原因。

1）变压器内部有较轻微故障产生气体。

2）变压器内部进入空气。

3）外部发生穿越性短路故障。

4）油位严重降低至气体继电器以下，使气体继电器动作。

5）直流多点接地、二次回路短路。

6）受强烈振动影响。

7）气体继电器本身问题。

（3）影响。变压器内部过热或局部放电，变压器油温上升，产生气体汇集于继电器内，达到一定程度后会触动继电器，发出信号。如果不尽快处理，有可能进一步发展为重瓦斯保护动作，造成用户失电。

(4) 调控处置。如气体继电器内有气体，应及时通知检修部门进行取气样及油样色谱分析，若有需要应及时将变压器停役。

3.3.1.2 重瓦斯保护动作

(1) 现象。监视后台发出“重瓦斯动作”“××主变开关分闸”“××开关备自投动作”“××开关合闸”等信号。

(2) 原因。重瓦斯保护的原理是主检测流过瓦斯继电器的气体或油流达到设定的状态时，保护动作迅速跳开主变压器各侧开关，以切断故障电流。引起重瓦斯保护动作的原因主要有：

1) 变压器内部严重故障。

2) 二次回路问题误动作。

3) 某些情况下，由于油枕内的胶囊安装不良，造成呼吸堵塞，油温发生变化后，呼吸器突然冲开，油流冲动使气体继电器误动作跳闸。

4) 外部发生穿越性短路故障。

5) 变压器附近有较强的震动。

(3) 影响。变压器内部发生严重短路后，将对变压器油产生冲击，使一定量的油流冲击继电器挡板，作用于跳闸，造成用户失电。

(4) 调控处置。

1) 调控人员立即投入备用变压器或备用电源，恢复供电。

2) 对变压器进行外部检查。

3) 外部检查无明显异常和故障迹象，取气检查分析（若有明显的故障迹象，不必取气即可认为属内部故障）。

3.3.2 主变压器差动保护

(1) 现象。监视后台发出“♯×主变差动保护动作”“××主变××开关分闸”等信号。

(2) 原因。差动保护的原理是检测主变压器同相各侧之间电流矢量和（正常值约为零）达到或大于整定值时，保护动作迅速跳开主变压器各侧开关，以切断故障电流。引起差动保护的原因主要有：

1) 变压器及其套管引出线，各侧差动电流互感器以内的一次设备故障。

2) 保护二次回路问题误动作。

3) 差动电流互感器二次开路。

4）变压器内部故障。

（3）影响。差动保护动作，造成用户失电。

（4）调控处置。

1）检查故障明显可见，发现变压器本身明显的异常和故障迹象，差动保护范围内一次设备上有故障现象，应停电检查处理故障，检修试验合格方能投运。

2）未发现明显异常和故障迹象，但同时有瓦斯保护动作，即使只是报出轻瓦斯信号，属变压器内部故障的可能极大，应经内部检查并试验合格后方能投入运行。

3）未发现任何明显异常和故障迹象，变压器其他保护未动作。差动保护范围外有接地，短路故障，可将外部故障隔离后，拉开变压器各侧刀闸，测量变压器绝缘无问题，试送一次。

4）检查变压器及差动保护范围内一次设备，无发生故障的痕迹和异常。变压器瓦斯保护未动作，其他设备和线路无保护动作信号掉牌，未查出回路问题，变压器应做试验检查无问题，再投入运行。

5）检查变压器及差动保护范围内一次设备，无发生故障的迹象和异常。差动保护范围外无故障，变压器其他保护没有动作。其他设备和线路无保护动作信号掉牌。巡视检查保护二次回路有无碰撞，有无短路断线，有无工作人员，直流是否有接地现象。未发现问题时，应将各侧刀闸断开，待检修人员进行检查。

6）本保护动作，开关跳闸，在没有明确查出问题前，严禁将主变压器送电。

3.3.3 主变压器后备保护

按保护所起的作用主变压器的保护分为主保护和后备保护，而后备保护又分为远后备保护和近后备保护两种。

（1）远后备保护：当主保护或断路器拒动时，由相邻电力设备或线路的保护来实现的后备保护。

（2）近后备保护：当主保护拒动时，由本设备或线路的另一套保护来实现后备的保护；当断路器拒动时，由断路器失灵保护来实现近后备保护。

主变压器后备保护一般有零序保护、过流保护、中性点间隙保护等。后备保护是在主保护不动作时再动作，一般有延时来判断主保护动作与否，它包括近后备和远后备。

其划分依据是，主保护反应变压器内部故障，后备保护反应变压器外部故障。保护范围主要是变压器外部线路。

主变压器零序保护：有中性点接地的接地零序保护和中性点不接地的间隙零序保护两种，接地零序可取外接零序电流或自产零序电流进行检测，当达到或超过零序电流定值时保护动作跳相应开关。间隙零序取间隙 TA 和零序电压进行检测，当达到或超过定值时保护动作跳相应开关。

复合电压闭锁过流保护：取负序电压或低电压作为闭锁过电流保护动作的条件，故障时满足负序电压或低电压条件，才能开放过电流保护动作，保证保护的可靠性和灵敏性。

冷控失电保护：对于大容量主变压器对主变压器散热程度要求很高，通常有强迫油循环风冷系统，该系统电源消失将无法工作，主变压器在高温下运行绝缘很容易损坏。目前，冷控失电保护回路中通常串有一温度接点，当冷却系统电源消失后温度升到设定值，保护将动作跳开主变压器各侧开关，以防止主变压器绕组过热损坏。

（1）现象。监视后台发出“＃×主变后备保护动作”“××主变××开关分闸”等信号。

（2）原因。

1）变压器高压侧短路。

2）变压器低压母线短路。

3）由于差动保护范围内发生故障，差动保护失灵。

4）后备保护误动。

5）低压线路有故障，出线保护拒动，引起变压器过负荷跳闸。

（3）影响。主变压器后备保护动作，造成用户失电

（4）调控处置。

1）如果过电流保护动作，发现电压下降、冲击、弧光、声响等现象，应对变压器外部进行检查；如果能及时排除故障，则可试送一次，否则应采取安全措施准备抢修；如果未发现问题，也可试送一次；对无差动保护的变压器，除进行外部检查外，还应进行绝缘测定检查。

2）如果是低压出线发生故障，线路保护拒动，则可手动断开故障线路开关，然后对变压器送电。

3）如果由于差动保护范围内发生故障，差动保护失灵，则应按差动保护

动作处理。

4）应首先检查保护及断路器的动作情况。如果是保护动作，断路器拒绝跳闸造成越级，则应在拉开拒跳断路器两侧的隔离开关后，将其他非故障线路送电。如果是因为保护未动作造成越级，则应将各线路断路器断开，再逐条线路试送电，发现故障线路后，将该线路停电，拉开断路器两侧的隔离开关，再将其他非故障线路送电。最后再查找断路器拒绝跳闸或保护拒动的原因。

3.3.4 主变压器压力释放阀动作

主变压器内部故障产生高温使油气急剧膨胀，产生的压力促使压力释放装置动作，保护跳闸接点动作于跳三侧开关，一般情况下主变压器压力释放阀在投运实验时保护为跳闸状态，正式运行时多处于信号状态。

压力释放阀冒油而变压器的气体继电器和差动保护等电气保护未动作时，应立即取变压器本体油样进行色谱分析，如果色谱正常，则怀疑压力释放阀动作是其他原因引起。

压力释放阀冒油，且瓦斯保护动作跳闸时，在未查明原因、故障未消除前不得将变压器投入运行。

（1）现象。监视后台发出“♯×主变压力释放阀动作”等信号。

（2）原因。压力释放阀动作直接原因是变压器内部压力达到了其开启压力。变压器内部压力升高的原因有：

1）变压器内部故障。

2）呼吸系统堵塞。

3）变压器运行温度过高，储油柜已满，体积随温度变化的变压器油无处膨胀，内部压力升高。

4）变压器补充油时操作不当。

（3）影响。随着变压器运行温度变化，箱体内绝缘油体积随温度变化而变化。当箱体内油位过高，压力释放阀无法动作，会造成主变压器内部压力过大，严重时会造成喷油。

（4）调控处置。先把变压器退出运行，把阀门打开，检查压力释放动作是否准确。检查是否由于油温高，或者变压器内部是否确实有故障，如变压器正常可以继续投运。

第4章

断路器和隔离开关

4.1 概　　述

断路器是指可以关合、承载及开断正常负荷电流，并能在规定时间内关合、开断规定的短路电流的电气设备。断路器按照所采用的灭弧介质和操动机构的不同可以分为以下几类，具体分类如图 4-1 所示。

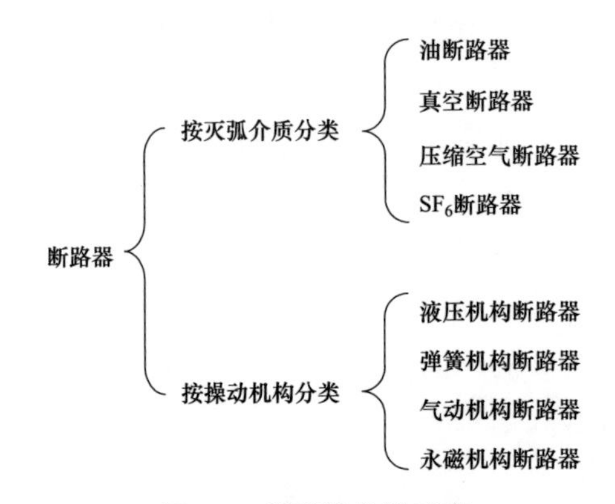

图 4-1　断路器分类示意

目前，在电力系统中使用最多的是 SF_6 断路器，操动机构主要是液压机构（用高压油推动活塞实现动作）、弹簧机构（使用储能弹簧实现动作）和气动机构（使用压缩空气推动活塞实现动作），永磁机构（使用永磁体实现动作）较少使用。

4.2 断路器异常处置

4.2.1 断路器本体异常处置

4.2.1.1 SF_6 压力低告警

（1）现象。监视后台“SF_6 压力低告警”光字牌亮，表示 SF_6 泄漏，达到第一报警值引起，开关仍可运行。

（2）原因。断路器套管、灭弧室内高压 SF_6 气体泄漏。

（3）影响。若不及时处理，严重时可导致开关闭锁，需要停电处理，严重威胁了电网的安全可靠运行。

（4）调控处置。当发生 SF_6 压力低告警时，应立刻通知运维人员现场检查，确认 SF_6 气体压力表读数是否正常，有无漏气现象。检修人员进行带电补气，必要时应该停电处理。

4.2.1.2 SF_6 压力低闭锁

（1）现象。监视后台“SF_6 压力低闭锁”光字牌亮，同时可能伴随有“控制回路断线”信号。

（2）原因。断路器套管、灭弧室内高压 SF_6 气体泄漏，导致压力低于闭锁值。

（3）影响。断路器不能分合，当遇到故障时断路器的拒动将引起越级跳闸，使得停电范围扩大，严重威胁电网的安全稳定运行。

（4）调控处置。当发生 SF_6 压力低闭锁时，应立刻通知运维人员现场检查处理，可旁路代的采用旁路代，利用等电位操作隔离故障开关。在无旁路开关情况下，可转移故障开关所带负荷后，采用无电方式拉开开关两侧闸刀来隔离开关，对需要进行停电处理的操作，应在操作前尽量转移负荷，少拉电或避免拉电。

4.2.1.3 断路器接头发热

（1）现象。现场运维人员在日常巡检中发现断路器触头温度过高。

（2）原因。负荷大的开关在长期运行中很容易发生动、静触头接触不良等现象，接触不良时产生放弧发热。

（3）影响。影响相关设备的绝缘性能并有可能发展成故障。

（4）调控处置。一般在接到现场运维人员断路器接头发热的汇报后，调度员首先根据环境温度、负荷情况及断路器触头温度的高低综合判断是否为紧急缺陷，若温度还未达到紧急缺陷的要求时，先通知运维人员定时跟踪测温，再根据测温情况决定是否要转移负荷等；若温度已达到紧急缺陷，需要立即处理的，调度员应立即安排倒负荷进行处理。

4.2.2 断路器机构异常

4.2.2.1 断路器控制回路断线

（1）现象。监视后台“断路器控制回路断线”光字牌亮。

（2）原因。

1）控制回路电源保险熔断或空气开关没合上（适合于保护装置电源和控制回路电源分立设置的情况）。

2）手车开关电源插件没插好。

3）手车开关没有推到预备位或工作位（合闸回路串有开关位置接点）。

4）储能电源开关没合上（合闸回路串有开关储能接点）。

5）断路器汇控柜内的远/近控开关因检修等原因，打在就地位置，送电时忘记恢复。

6）SF_6 低气压闭锁动作。

7）母联隔离手车未推到工作位（母联开关合闸回路串入隔离手车工作位接点）。

8）因工艺需要串联在合切回路中的联锁条件未满足。

9）开关自身合切回路中串联的辅助接点接触不良。

10）分合闸线圈烧坏。

11）开关操作机构内部二次接线插件因振动松脱。

（3）影响。断路器不能分合，当遇到故障时断路器的拒动将引起越级跳闸，使得停电范围扩大，严重威胁电网的安全稳定运行。

（4）调控处置。当断路器“控制回路断线”光字牌亮时，应立刻通知运维人员现场检查处理，由于控制电源空开跳闸等引起的，恢复控制电源即可，若是由控制回路本身故障引起的，在汇报相关部门后，再决定是否需要进行停电处理。

4.2.2.2 断路器 N_2 压力闭锁

（1）现象。监视后台“断路器 N_2 泄漏”“断路器 N_2 总闭锁”光字牌亮，伴随有“重合闸闭锁、合闸闭锁、分闸闭锁、总闭锁及控制回路断线”等信号。

（2）原因。

1）密封不严，造成 N_2泄漏。

2）储能回路故障引起机构无法正常储能。

（3）影响。断路器不能分合，遇到故障时断路器的拒动将引起越级跳闸，使得停电范围扩大，严重威胁电网的安全稳定运行。

（4）调控处置。当发生断路器 N_2 压力闭锁时，应立刻通知运维人员现场检查处理，可旁路代的采用旁路代，利用等电位操作隔离故障开关。在无旁路开关情况下，可转移故障开关所带负荷后，采用无电方式拉开开关两侧闸刀来隔离开关，需要进行停电处理的操作，应在操作前尽量转移负荷，少拉电或避免拉电。

4.2.2.3　断路器油压总闭锁

（1）现象。监视后台“断路器油压低闭锁重合闸”“断路器油压低闭锁合闸”“断路器油压总闭锁”光字牌亮。

（2）原因。密封不严，造成高压油向低压油泄漏，油路无法建立压力。

（3）影响。断路器不能分合，遇到故障时断路器的拒动将引起越级跳闸，使得停电范围扩大，严重威胁电网的安全稳定运行。

（4）调控处置。发生断路器油压总闭锁时，应立刻通知运维人员现场检查处理，可旁路代的采用旁路代，否则立即隔离该断路器。

4.2.2.4　断路器弹簧未储能

（1）现象。监视后台“断路器弹簧未储能”光字牌亮。

（2）原因。

1）交流回路及电机故障。

2）弹簧或机构故障。

（3）影响。断路器可分闸一次，但不能合闸，当遇到故障时断路器跳闸后不能重合，扩大了瞬时故障的停电范围，威胁了电网的安全稳定运行。

（4）调控处置。当断路器弹簧未储能时，应立刻通知运维人员现场检查处理，做好相关事故预想。

4.2.2.5　断路器机构卡滞

（1）现象。操作过程中断路器机构上有卡死或机构脱口现象，无法正常分、合和事故跳、合（拒动或分合不到位）。

（2）原因。断路器本身质量较差，在多次分、合闸操作过程中造成部件变形。

（3）影响。断路器不能分合闸，断路器的拒动将引起越级跳闸，扩大了停电范围，威胁了电网的安全稳定运行。

（4）调控处置。断路器机构卡滞时，应立刻通知检修人员现场检查处理，做好相关事故预想。

4.3　隔离开关异常处置

4.3.1　隔离开关概述

隔离开关（俗称“刀闸”），即在分位置时，触头间有符合规定要求的绝缘距离和明显的断开点，在合位置时，能承载正常回路条件下的电流及在规定时间内异常条件下的电流的开关设备，在电力系统中起着非常重要的作用，其本身没有灭弧能力，分闸后，靠建立可靠的绝缘间隙，将需要检修的设备或线路与电源用一个明显的断开点隔开，保证了检修人员和设备的安全。

4.3.2 隔离开关接头发热

（1）现象。通过肉眼或测温仪发现闸刀等一次设备发热。

（2）原因。由于闸刀动静触头、引线接头接触不良，造成接触电阻偏大，在高负荷或长时间运行时，比较容易出现发热情况。对于不同材质的设备，其耐热度也不一样，铜导体140℃或铝导体125℃以上或发红就应作为紧急缺陷处理；而当铜导体110～140℃或铝导体100～125℃，则应作为重要缺陷来处理。

（3）影响。可能会导致接头过热融化，严重威胁电网的安全稳定运行。

（4）调控处置。当隔离开关接头发热可能危及电网或设备安全运行时，应采取最快、最有效的措施来处理，先进行负荷转移，必要时可采取拉限电等手段进行处理。

4.3.3 隔离开关分合不到位

（1）现象。操作过程中，隔离开关电动操作失灵或中途停止不到位，手动隔离开关卡滞或分、合不到位等，监控后台隔离开关位置显示异常。

（2）原因。

1）产品质量差，多次操作后出现部件损坏或老化。

2）机构螺栓松动或联杆脱扣。

3）人员操作不当，造成设备损坏。

4）电动操作失灵可能为操作电源消失或二次回路故障。

（3）影响。当隔离开关合闸不到位时会影响设备送电，不能分闸会影响本间隔设备隔离。电动隔离开关在操作过程中若出现停止，长时间分、合不到位将会产生放电电弧，对设备和人身安全造成严重影响。

（4）调控处置。能带电处理的隔离开关缺陷（电动失灵等），应立即处理；需要停电处理的，应通知有关部门后再进行停电操作。

4.4 GIS设备异常处置

4.4.1 GIS设备概述

GIS是指气体绝缘金属封闭式组合电器，国际上称为“气体绝缘金属封闭开关设备”（Gas Insulated Switchgear）简称GIS，它将一座变电站中除变压器以外的一次设备，包括断路器、隔离开关、接地开关、电压互感器、电流互感器、避雷器、母线、电缆终端、进出线套管等，经优化设计有机地组合成一个整体，其优点在于占地面积小，可靠性高，安全性强，维护工作量很小等，因此得到了广泛推广，目前新建的变电站基本都是GIS站。

4.4.2 GIS气室SF_6压力异常

（1）现象。当某GIS气室SF_6发生泄漏、SF_6压力值降低到一定值时，监视后台就会发出相应“SF_6压力异常”告警信号。

（2）原因。

1）制造厂制造的设备精度不够，外壳上有砂眼，密封材料质量欠佳造成的漏气。

2）设备在现场安装质量不高，或大修大拆后密封面处理不到位造成的漏气。

3）由于设备在运行中产生的振动（如断路器分合、变压器运行中的振动），密封材料老化等原因产生的漏气。

（3）影响。SF_6压力低会造成灭弧能力急剧下降，容易击穿相关设备。设备维修往往需要陪停周围间隔设备，造成供电可靠性降低。

（4）调控处置。当发生GIS气室SF_6压力低时，应立刻通知运维人员现场检查处理，若压力低未到闭锁值，且压力下降趋势不明显，具备条件时，可考虑带电补气，若压力低闭锁或压力下降明显时，则应迅速隔离此间隔，必要时做好相关事故预想。

电 流 互 感 器

5.1 概　　述

电流互感器是接近于短路运行的变压器，其基本原理与变压器相似。它的一次绕组应与线路串联，额定一次电流等于或大于线路的实际电力。

电流互感器与变压器的不同及特点如下：

(1) 电流互感器二次回路的负荷是计量仪表电流线圈或继电保护和自动装置的电流线圈，阻抗小，相当于变压器短路运行，而一次电流由线路的负荷决定。因此，二次电流几乎不受二次负荷的影响，只随一次电流的变化而变化，所以能测量电流，且具有一定的准确级。

(2) 电流互感器二次绕组绝对不允许开路运行。此外，电流互感器与电压互感器一样，二次侧一端必须接地，以防一、二次之间绝缘击穿时，危及仪表和人身安全。

5.2 电流互感器的异常及故障处置

由于电流互感器二次回路中只允许带很小的阻抗，所以它在正常工作时，趋于短路状态，声音极小，一般认为无声，因此电流互感器的故障常常伴有声音或其他现象发生。

(1) 现象。电流互感器在内部发生故障时，会发出“TA 断线”等异常信号，电流值以及有功、无功值不准确；发“母差保护差流越限”“主变压器保护差流越限”信号。有可能使设备出现击穿损坏，严重时出现严重渗油、冒烟，并伴有严重异响。

(2) 原因。

1) 产品质量差，本身密封性不好或部件老化，或在温度高时内部油膨胀。

2) 内部故障造成设备击穿损坏，或产生大量气体膨胀。

3）绝缘劣化，引起匝间、层间短路，出现击穿。

4）局部放电损坏。

5）热击穿损坏。

6）接触不良发热。

（3）影响。

1）TA断线将影响相应保护的正常运行。

2）若电流互感器内部故障严重时，可能会发生爆炸，故障将可能波及相邻间隔，造成事故停电。

（4）调控处置。根据监视后台告警信号，分析是否需要停电处理。有旁路断路器时，采用旁路代路后，停役该间隔，本断路器间隔改至冷备用及检修状态；无旁路断路器时，将相关负荷转移后停役该间隔；母联（分）断路器间隔TA故障时，停役母联（分）断路器间隔（包括主变压器二次方式相应调整）。

第6章

无功补偿设备

6.1 概　　述

并联电容器是一种无功补偿设备，变电站通常采用高压集中补偿的方式，将补偿电容器接在变电站的低压母线（10、20kV或35kV母线）上，补偿变电站低压母线电源侧所有线路及变电所变压器上的无功功率，使用中往往与有载调压变压器配合，以提高电力系统的电能质量。

6.2 电容器的异常及故障处置

6.2.1 电容器电流三相不平衡

（1）现象。电容器TA二次熔丝熔断导致三相电流不平衡，三相电流数值显示有很大差别，监视后台无异常信号。

（2）调控处置。应立即拉开电容器的断路器。通知相应运维单位立即到现场检查，并做好记录。

6.2.2 运行中的电容器发生异常故障

（1）现象。电容器发生喷油、着火、爆炸，接头严重发热，套管严重放电闪络，严重鼓肚等异常，监视后台无异常信号。

（2）调控处置。应立即拉开电容器的断路器。通知相应运维单位立即到现场检查，并做好记录。

6.2.3 电容器渗漏油

（1）现象。电容器有渗漏油现象，监视后台无异常信号。

（2）调控处置。应拉开电容器的断路器。通知相应运维单位立即到现场检查，并做好记录。目前我国并联电容器采用的绝缘介质油为二芳基乙烷（即s油），s油渗漏与空气接触分解后，具有较强的腐蚀性，应尽快采取修补或更换措施。

6.2.4 绝缘不良

（1）现象。绝缘不良。

（2）调控处置。这类故障通常在预防性试验中出现。一旦发现调度应立即停用该设备，并派人检查电容器内部设备是否完好，有无受潮、套管引线绝缘有无损伤等情况。

6.2.5 高压熔丝熔断

（1）现象。高压熔丝熔断。

（2）调控处置。应立即停用该设备，并派人检查电容器外壳是否变形。也可能是合闸涌流或者电容器内部故障引起。

6.3 并联电抗器异常及故障处置

电抗器可并联于330kV及以上高压输电电路限制长距离输电线路末端电压，也可以并联于变电站内低压侧母线，作为就地无功补偿装置。

（1）现象。电抗器在运行时温度过高，监视后台无异常信号。

（2）调控处置。电抗器在运行时温度过高，加速聚酯薄膜老化，当引入线或横面环氧开裂处雨水渗入后加速老化，会丧失机械强度，造成匝间短路引起着火燃烧。造成电抗器温升原因有：焊接质量问题，接线端子与绕组焊接处焊接电阻产生附加电阻而发热。另外由于温升的设计裕度很小，使设计值与国际规定的温升限值很接近。除设计制造原因外，电抗器在运行时，如果电抗器的气道被异物堵塞，造成散热不良，也会引起局部温度过高引起着火。

对于上述情况，应改善电抗器通风条件，降低电抗器运行环境温度，从而限制温升。同时定期对其停运维护，以清除表面积聚的污垢，保持气道畅通，并对外绝缘状态进行详细检查，发现问题应立即汇报调度进行处理。

第7章

继电保护装置

7.1 概　　述

继电保护与安全自动装置是保证电网安全运行、保护电气设备的主要装置，是组成电力系统整体稳定运行不可缺少的重要部分。继电保护装置最主要的作用就是将电网故障时电流增大、电压降低等信息，以较短的时间传递给相应的断路器，由断路器跳闸来完成对故障的隔离。

7.1.1 继电保护一般规定

电力系统中的电力设备和线路，应装设短路故障和异常运行保护装置。保护应有主保护和后备保护，必要时可再增设辅助保护。

(1) 主保护：满足系统稳定和设备安全要求，能以最快速度有选择地切除被保护设备和线路故障的保护。

(2) 后备保护：当主保护或断路器拒动时，用来切除故障的保护。可分为远后备和近后备。

(3) 当主保护或断路器拒动时，由相邻电力设备或线路的保护来实现的后备保护。

(4) 当主保护拒动时，由本电力设备或线路的另一套保护来实现后备的保护；当断路器拒动时，由断路器失灵保护来实现后备保护。

110kV及以下电压等级的电气设备，一般采用远后备保护方式，即每个电气设备一般配置一套继电保护装置。如果由于受到电网接线或者运行方式的限制，无法实现远后备时，也可按近后备配置两套继电保护装置。

220kV及以上电压等级的电气设备，一般采用近后备保护方式，即每个电气设备按照“双重化”的原则，配置两套继电保护装置。所谓“双重化”，就是两套继电保护装置的交流、直流、通道、二次回路及相关设备完全独立。其目的是当任一回路或设备故障时，不应使两套继电保护同时丧失保护功能。

7.1.2 “四性”要求

（1）可靠性：该动应动，不该动不动。选用最简单的保护方式，有必要的检测、闭锁等措施。

（2）选择性：首先由故障设备或线路本身的保护切除故障，当拒动时才由相邻设备、线路的保护或断路器失灵保护切除故障。整定配合考虑灵敏系数和时间相互配合。

（3）灵敏性：保护范围内有必要的灵敏系数，整定时考虑不利的方式。

（4）速动性：能尽快切除故障，提高系统稳定性，减轻损坏程度，缩小影响范围，提高自动装置成功率。

“四性”相互矛盾，但必须统筹考虑，综合考虑各种运行方式，尽量满足电网运行要求。不能满足时，按下列原则取舍：

1）地区电网服从主系统电网。

2）下一级电网服从上一级。

3）局部问题自行消化。

4）尽可能照顾地区电网和下一级电网的需要。

5）保重要用户供电。

任何设备不允许无保护运行，对于各类电力设备保护的异常及故障应着重分析。

7.2 线 路 保 护

7.2.1 通道异常

（1）现象。监视后台发出“线路第一套保护通道异常”“线路第二套保护通道异常”信号；保护装置面板上“告警”指示灯亮；保护液晶面板显示具体告警信息。

（2）原因。

1）OPGW 光缆中断。

2）保护光纤接口松动。

3）保护板件故障。

（3）影响。将闭锁纵联差动保护、高频保护，一旦通道恢复正常，自动恢复保护功能。

（4）调控处置。通知变电运维人员检查保护装置，将出现异常的保护两侧由跳闸改为信号，不需调整其他保护的定值。

7.2.2 收发信机异常

（1）现象。监视后台发出“线路第一套保护收发信机异常”“线路第一套保护收发信机故障”“线路第二套保护收发信机异常”“线路第二套保护收发信机故障”信号；收发信机面板上 3dB 告警指示灯亮；接口插件上“正常”运行灯灭。

（2）原因。

1）收发信机装置失电。

2）内部元件故障。

3）高频通道故障。

（3）影响。线路失去纵联差动保护，闭锁式高频保护有可能会误动。

（4）调控处置。通知变电运维人员检查收发信机装置、高频通道运行情况，经确认后，及时复归收发信机异常的信号。若查找困难或无法处理时尽快安排检修。

7.2.3 TV 断线

（1）现象。监视后台发出“线路第一套保护 TV 断线”“线路第二套保护 TV 断线”“线路 TV 二次电压空开跳开”“线路 TV 失压”等信号，保护装置面板上 TV 断线指示灯亮；保护装置液晶显示面板显示 TV 断线。

（2）原因。

1）外部回路故障：电压互感器故障、母线隔离开关切换不到位、电压回路端子松动、线路保护装置交流电源空气开关跳开。

2）内部插件故障：如交流电源板故障。

（3）影响。TV 断线后，距离保护退出，并退出静态破坏启动元件。零序电流保护的方向元件是否退出由控制字决定。不带方向元件的各段零序电流保护可以动作。

在距离保护与零序保护模块中，TV 断线且保护启动进入故障处理程序时，将根据控制字投入 TV 断线零序电流保护和 TV 断线相电流保护，其定值和延时可独立整定。TV 断线后，若电压恢复正常 0.5s，装置 TV 断线信号灯自动复归，并报告相应的断线、失压消失事件，所有的保护也随之自动恢复正常。

（4）调控处置。通知变电运维人员检查电压互感器的熔断器熔断、交流电源空开跳闸、二次回路接线松动或断线、辅助触点接触不良等情况。

1）若同段母线上的所有设备保护装置均出现TV断线报警，应检查TV设备的一次侧，高压侧的二次熔断器或空气开关以及继保室内电压并列屏的电压回路、采样值、空气开关和相关装置。

2）若只为单一设备保护报警，则到相应的装置进行检查即可。

7.2.4 TA断线

（1）现象。监视后台发出"第一套线路保护TA断线""第二套线路保护装置TA断线"等信号；保护装置面板上TA断线指示灯亮；保护装置三相电流采样值不正常，大小差异明显；保护装置液晶面板显示TA断线。

（2）原因。

1）外部回路故障：电流互感器故障、电流回路端子松动。

2）内部插件故障：如交流电源板故障。

（3）影响。TA断线后，纵联保护不闭锁，保护启动电流被抬高，此时差动继电器抗扰动能力差，容易误动。

（4）调控处置。尽可能降低线路正常运行时各侧的不平衡电流。

7.2.5 保护装置告警或闭锁

（1）现象。

1）监视后台发出"线路第一套保护告警""线路第二套保护告警""线路第一套保护重合闸闭锁""线路第二套保护重合闸闭锁""线路第一套保护异常""线路第二套保护异常""线路第一套保护GOOSE总告警""线路第一套保护SV总告警""线路第二套保护GOOSE总告警""线路第二套保护SV总告警"等信号。

2）保护装置面板上"告警"指示灯亮；保护液晶面板显示具体告警信息；

（2）原因。

1）装置失电。

2）内部元件故障。

（3）影响。告警信息分为两种：一种是闭锁保护装置的；另一种是只发告警信号。具体以实际保护装置为准。

保护被闭锁后，线路无保护运行。

（4）调控处置。仔细检查保护装置的运行状态：

1）检查保护装置的直流电源是否正常运行。

2）在保护装置均正常运行下直接复归告警信号。

3）若查找困难或无法处理时尽快安排检修。

7.3 母线保护

7.3.1 TV断线

（1）现象。

1）监视后台发出“母线第一套保护TV断线”“母线第二套保护TV断线”“正母保护TV断线”“正母计量TV断线”“副母保护TV断线”“副母计量TV断线”“母线TV并列装置直流电源消失”等信号。

2）保护装置面板上TV断线指示灯亮；保护装置三相电压采样值不正常，有相别明显低于57.7V；保护装置液晶显示面板显示TV断线。

3）有些装置母差段差动开放和失灵开放灯亮。

（2）原因。

1）外部回路故障：电压互感器故障、电压互感器检修、母线停运、电压回路端子松动、母差保护装置交流电源空气开关跳开。

2）内部插件故障：如交流电源板故障。

（3）影响。该母线段复压闭锁开放，保护装置误动风险增加。

（4）调控处置。通知变电运维人员检查电压互感器的熔断器熔断、交流电源空开跳闸、二次回路接线松动或断线、辅助触点接触不良等情况。

1）若同段母线上的所有设备保护装置均出现TV断线报警，应检查TV设备的一次侧，高压侧的二次熔断器或空气开关以及继保室内电压并列屏的电压回路、采样值、空气开关和相关装置。

2）若只为单一设备保护报警，则到相应的装置进行检查即可。

7.3.2 TA断线

（1）现象。

1）监视后台发出“母线第一套保护TA断线”“母线第二套保护TA断

线”等信号。

2）保护装置面板上TA断线指示灯亮；保护装置三相电流采样值不正常，大小差异明显；保护装置液晶面板显示TA断线。

（2）原因。

1）外部回路故障：电流互感器故障、电流回路端子松动、大电流切换端子切换不到位、闸刀位置异常。

2）内部插件故障：如交流电源板故障。

（3）影响。

1）该母线段上支路TA断线，闭锁母差保护，母线无速切保护运行，支路TA断线后，装置大差差动电流、小差差动电流均会出现差流，装置逻辑无法判断区内是否发生了故障。如果TA断线期间出现了区外故障或是TV断线，差动保护则可能会误动作，所以一旦TA断线，立即闭锁差动保护，防止差动保护装置误动作，对电网运行造成影响。

2）母联断路器或母分断路器TA断线，不闭锁母差保护，该母差保护自动改为单母线方式运行。这是由于母联、母分电流不计入大差，所以母联、母分电流回路断线，并不会影响差动保护装置对区内、区外故障的判别。但由于母线小差电流需要母联、母分电流参与计算，所以小差电流均会受到影响，与该联络开关相连的两段母线小差电流都会越限，且大小相等、方向相反，致使逻辑不能判别是哪段母线发生了故障。所以母联、母分TA断线只是会失去对故障母线的选择性，联络开关电流回路断线不闭锁差动保护，只是转入母线互联（单母方式）运行方式，此时当发生母线区内故障，不再进行故障母线的选择，而是直接跳母线上所有开关，这样无疑扩大了停电范围。

（4）调控处置。一旦母差保护装置报TA断线，应立即将母差保护装置退出运行进行处理。

1）查看电流回路接线。出现缺相、三相电流不平衡等现象时应尽快查找二次回路，检查电流回路有无接触不良、两点接地等现象，发现异常时，在端子箱将电流回路封起。故障发生在TA侧时停电处理。

2）查看大差电流及小差电流，核对各个间隔刀闸位置及保护装置压板是否与一次方式对应。

3）如查找困难或无法处理时尽快安排检修。

7.3.3 开入异常

(1) 现象。

1) 监视后台发出“母线保护开入异常”“母线第一套保护开入异常”“母线第二套保护开入异常”等信号。

2) 保护装置面板上“开入异常”告警灯亮；保护装置液晶面板显示具体信息。

(2) 原因。

1) 隔离开关辅助触点与一次系统不对应。

2) 失灵触点误启动。

3) 联络断路器常开与常闭触点不对应。

4) 误投“母线分列运行”连接片。

(3) 影响。如果隔离开关辅助触点与一次系统不对应，该保护装置将失去对故障母线的正确选择，从而导致失电范围扩大，部分保护装置能在状态确定的情况下自动修正错误的隔离开关辅助触点，具体以实际保护装置为准。如果失灵触点误启动，仅仅只有母差保护装置本身的逻辑来闭锁母差保护失灵出口，这样将增加失灵误动的可能性。如果联络断路器常开与常闭触点不对应，装置将默认联络断路器处于合位；如果误投“母线分列运行”连接片，装置将默认母线处于分列运行。

(4) 调控处置。通知变电运维人员对母线保护装置进行异常排查。

1) 刀闸辅助接点与一次系统是否对应一致。

2) 失灵接点误起动时，检查相应的失灵起动回路。

3) 联络开关常开接点与常闭接点不对应时，检查母联开关接点输入回路：检查接线端子，常开接点和常闭接点不允许同时出现分或者合的情况，即经检查的端子上的电位不能相同。

4) 检查“母线分列运行”压板投入及回路是否正确：在母线并列运行的情况下，如果误投母线分裂压板也会出现“开入异常”告警。

7.4 主变压器保护

7.4.1 TV 断线

(1) 现象。

1) 监视后台发出“主变第一套保护 TV 断线”“主变第二套保护 TV 断

线”等信号。

2）保护装置面板上TV回路异常灯亮；保护装置液晶显示面板报TV断线。

3）主变压器保护装置三相电压采样值不正常，有相别明显低于57.7V。

（2）原因。

1）外部回路故障：电压互感器故障、母线隔离开关切换不到位、电压回路端子松动、主变压器保护装置交流电源空气开关跳开。

2）内部插件故障：如交流电源板故障。

（3）影响。主变压器“TV断线”三侧信号一般合成一个信号，任何一侧TV回路异常，均为“TV断线”信号。此时，主要保护功能仍完善，不影响保护装置运行。保护装置的方向元件均退出，复合电压闭锁元件开放。后备保护中阻抗保护退出。

若“TV断线”恢复正常，则该保护装置也随之恢复正常。

（4）调控处置。通知变电运维人员检查电压互感器的熔断器熔断、交流电源空气开关跳闸、二次回路接线松动或断线、辅助触点接触不良等情况。

1）若同段母线上的所有设备保护装置均出现TV断线报警，应检查TV设备的一次侧，高压侧的二次熔断器或空气开关以及继保室内电压并列屏的电压回路、采样值、空气开关、装置进行检查。

2）若只为单一设备保护报警，则到相应的装置进行检查即可。

7.4.2 TA断线

（1）现象。

1）监视后台发出“主变第一套保护TA断线”“主变第二套保护TA断线”等信号。

2）保护装置面板上TA回路异常灯亮；保护装置液晶显示面板报TA断线。

3）主变压器保护装置三相电流采样值不正常，大小差异明显。

（2）原因。

1）外部回路故障：电流互感器故障、电流二次回路端子松动、大电流切换端子切换不到位。

2）内部插件故障：如交流电源板、保护装置采样插件、CPU插件等故障。

（3）影响。主变压器“TA 断线”三侧信号一般合成一个信号，任何一侧 TA 回路异常，均为“TA 断线”信号。此时，比例制动差动保护被闭锁，但是差动速断保护仍正常开放。断线相电流保护均不能正常动作。

（4）调控处置。

1）适当提高主变压器差动保护“TA 断线”告警门槛值。

2）尽可能降低主变压器正常运行时不平衡电流。

7.4.3 差流异常

（1）现象。

1）监视后台发出“主变第一套保护 TA 断线”“主变第二套保护 TA 断线”等信号。

2）保护装置面板上 TA 回路异常，保护装置液晶显示面板显示差流越限。

（2）原因。

1）三相负荷不平衡。

2）电流回路端子松动。

3）大电流切换端子切换不到位。

（3）影响。只发告警信号，不闭锁保护。

（4）调控处置。

1）尽可能降低主变压器正常运行时不平衡电流。

2）对电流互感器二次接线柱进行检查，检查螺栓是否松动，二次接线电缆进行外观检查、绝缘测试、接线正确性检查。

3）电流互感器二次绕组进行伏安特性测试、通流试验、极性测试等，并与合格的电流互感器二次绕组进行比对。

7.4.4 保护装置告警或闭锁

（1）现象。

1）监视后台发出“主变第一套保护告警”“主变第二套保护告警”“主变第一套保护重合闸闭锁”“主变第二套保护重合闸闭锁”“主变第一套保护异常”“主变第二套保护异常”“主变第一套保护故障”“主变第二套保护故障”“主变第一套保护 GOOSE 总告警”“主变第一套保护 SV 总告警”“主变第二套保护 GOOSE 总告警”“主变第二套保护 SV 总告警”等信号。

2）保护装置面板上“告警”指示灯亮；保护装置液晶显示面板显示具体告警信息。

（2）原因。

1）保护装置失电。

2）内部元件故障。

（3）影响。装置告警信息分为两种：一种是闭锁保护装置的；另一种是只发告警信号。具体以实际保护装置为准。

保护装置被闭锁后，事故情况下保护将拒动。

（4）调控处置。通知变电运维人员去现场，仔细检查保护装置的运行状态：

1）检查保护装置的直流电源是否正常运行。

2）在保护装置均正常运行下直接复归告警信号。

3）若查找困难或无法处理时尽快安排检修。

7.5 断路器保护装置故障

（1）现象。

1）监视后台发出“开关保护装置告警”“断路器保护装置闭锁”“开关SF_6气压低闭锁”“开关油压低合闸闭锁”“开关油压低重合闸闭锁”“开关油压低分合闸总闭锁”等信号。

2）保护装置液晶显示面板“告警”指示灯亮；保护装置面板上操作电源灯熄灭。

3）当满足重合闸充电条件，重合闸充电灯不亮。

（2）原因。

1）内部功能插件严重故障，如CPU功能插件故障，此时保护装置告警灯亮，后台报“断路器保护装置告警”、此时重合闸和失灵保护功能失去。

2）保护装置电源插件故障，保护装置电源失去。

3）保护装置信号插件故障，如SIG插件故障，此时会重合闸充电灯可能不会被点亮。由于信号插件故障，该保护装置还可能会误报“断路器保护装置告警”等信号。

（3）影响。

断路器保护装置中包括了重合闸、失灵保护及三相不一致功能（常采用断路器本体的三相不一致保护），因此，当发生上述故障是，会出现以下影响：

1）对于重合闸功能，无法实现其功能，装置直接闭合“三跳”触点。

2）对于失灵保护而言，当断路器拒动时，保护无法启动失灵，从而无法实现使母差装置的失灵保护启动，不能切除故障间隔所在的母线，只能依赖线路对侧保护动作，会扩大事故范围。

（4）调控处置。断路器保护装置通常包含失灵保护和重合闸功能，部分仅包含失灵保护功能。断路器保护正常调度不对其发令改变状态。正常失灵保护功能的投退，应主要包含在断路器的一次状态改变中。重合闸的投入则由调度单独发令。

当断路器保护装置出线故障、需要发令停用时，调度发令断路器保护由跳闸改为信号，此时应包含退出断路器保护中的失灵保护和重合闸等所有功能。复役时，调度发令断路器保护改回至跳闸，应包含失灵保护和重合闸等所有功能的正常投入跳闸。

7.6 无功设备保护

7.6.1 电容器保测装置异常或故障

（1）现象。

1）监视后方发出“电容器保护装置异常”“电容器保护装置故障”“电容器保护 TV 断线”“电容器 TV 二次电压空开跳开”“电容器不平衡电压保护动作”“电容器过流保护动作”“电容器过压保护动作”“电容器欠压保护动作”“电容器保测装置闭锁或报警”“电容器压力释放告警”“电容器保测装置防误解除”“电容器保测装置 MMS 通信中断”“电容器保测装置 A 网通信中断”“电容器保测装置 B 网通信中断”“电容器保测装置直流电源消失”“电容器保测装置检修压板投入”“电容器保测装置对时异常”等信号。

2）保护装置面板上“告警”指示灯亮；保护液晶面板显示具体告警信息。

（2）原因。

1）电容器本体存在异常、故障。

2）电容器的保测装置失电。

3）电容器的保测装置有异常、故障。

（3）影响。电容器不能正常投切（包括 AVC 的投切与人工遥控），影响母线电压、系统无功、功率因数等指标的合格率。

（4）调控处置。通知变电运维人员去现场，仔细检查电容器及其保测装置的运行状态。

1）检查保护装置的直流电源是否正常运行。

2）在保护装置均正常运行下直接复归告警信号。

3）若查找困难或无法处理时尽快安排检修。

7.6.2 电抗器保护装置异常或故障

（1）现象。

1）监视后方发出“电抗器保护动作”“电抗器本体保护动作”“电抗器保护装置异常”“电抗器保护装置故障”“电抗器保护 TV 断线”“电抗器 TV 二次电压空开跳开”“电抗器不平衡电压保护动作”“电抗器零序过流保护动作”“电抗器零序过压保护动作”“电抗器保护过负荷告警”“电抗器轻瓦斯告警”“电抗器重瓦斯告警”“电抗器压力释放告警”“电抗器油位异常”“电抗器油温高告警”“电抗器保测装置通信中断”“电抗器保测装置 A 网通信中断”“电抗器保测装置 B 网通信中断”“电抗器保测装置直流电源消失”“电抗器保测装置检修压板投入”等信号。

2）保护装置面板上“告警”指示灯亮；保护液晶面板显示具体告警信息。

（2）原因。

1）电抗器本体存在异常、故障。

2）电抗器的保测装置失电。

3）电抗器的保测装置有异常、故障。

（3）影响。电抗器不能正常投切（包括 AVC 的投切与人工遥控），影响母线电压、系统无功、功率因数等指标的合格率，尤其在法定节假日时期，由于工业负荷的大量降低，对相关指标的合格率的影响尤为突出。

（4）调控处置。

通知变电运维人员去现场，仔细检查电抗器及其保测装置的运行状态。

1）检查保护装置的直流电源是否正常运行。

2）在保护装置均正常运行下直接复归告警信号。

3）必要时可适当扩增母线电压、系统无功、功率因数等指标的限值。

4）若查找困难或无法处理时尽快安排检修。

第 8 章

安全稳定自动装置

8.1 概　　述

8.1.1 电网的三道防线

电网的“三道防线”是指在电力系统受到不同扰动时，对电网保证安全可靠供电方面提出的要求。图 8-1 为电力系统稳定控制阶段示意。

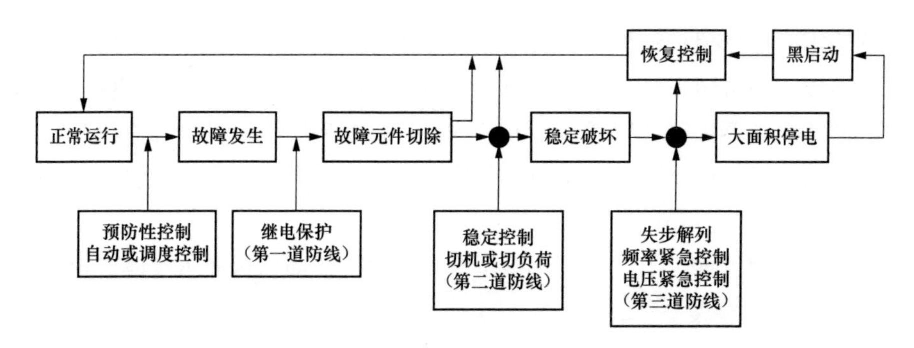

图 8-1　电力系统稳定控制阶段示意

（1）第一道防线：在电力系统正常状态下通过预防性控制保持其充裕性和安全性（足够的稳定裕度），当发生短路故障时，快速可靠的继电保护、有效的预防性控制措施，确保电网在发生常见的单一故障时保持电网稳定运行和电网的正常供电。由一次系统设施、继电保护以及安全稳定预防性控制组成。

其措施包括：发电机功率预防性控制、发电机励磁附加控制、并联和串联电容补偿控制、高压直流输电功率调制，以及其他灵活交流输电控制。

（2）第二道防线：采用稳定控制装置及切机、切负荷等紧急控制措施，确保电网在发生概率较低的严重故障时能继续保持稳定运行。由失步解列、频率及电压紧急控制装置构成，当电力系统发生失步振荡、频率异常、电压异常等事故时采取解列、切负荷、切机等控制措施，防止稳定破坏和参数严重越限的紧急控制。

其措施有：切除发电机、汽轮机快速控制汽门（快控汽门）、发电机励磁紧急控制，动态电阻制动，串联或并联电容强行补偿，高压直流输电功率紧急控制和集中切负荷等。

（3）第三道防线：第三道防线由安全稳定控制系统构成，针对预先考虑的故障形式和运行方式，按照预定的控制策略，设置失步解列、频率及电压紧急控制装置，当电网遇到概率很低的多重严重事故而稳定破坏时，依靠这些装置防止事故扩大、防止大面积停电。

8.1.2 安全稳定自动装置概念及分类

安全稳定自动装置是指用于防止电力系统稳定破坏、防止电力系统事故扩大、防止电网崩溃及大面积停电及恢复电力系统正常运行的各种自动装置的总称。

其作用是当发生因切除故障后造成发电功率与用电功率不平衡时，采取功率过剩地区快速减少发电机功率（切机、快关汽门），在功率缺额地区快速切负荷等措施。主要分类有：

（1）自动重合闸装置。架空线路或者母线因故断开后，被断开的断路器经预定短时延时自动合闸，使断开的电力系统元件重新带电，若故障未消除，则由保护装置动作将断路器再次断开的自动操作循环称为自动重合闸。自动重合闸装置用于尽快恢复供电、输电设备的运行，尽量减少网络拓扑的变化，尽快恢复网络暂态和稳态输电能力，同时考虑减少重合于永久故障时系统产生的不平衡能量，提高暂态稳定能力。自动重合闸分为三相重合闸、单相重合闸、综合重合闸三类。

（2）备用电源自动投入装置。当工作电源因故障被断开后，能自动而迅速地将备用电源投入工作，保证用户连续供电的装置称为备用电源自动投入装置。装置根据设置备自投的方式工作，自动识别工作段电压消失，执行备用开关自动投入，恢复工作段的电压，并在自投中实现备用段保护后加速及自投后自动切除多余负荷，满足电网经济运行及可靠供电。备自投分为分段备自投、进线备自投、变压器备自投和远方备自投。

（3）主变压器/线路过载连切负荷装置。若主变压器/线路电流、功率均超过满载告警定值，经一定时间发相应的主变压器/线路过载告警信号，而均超过过载动作定值，经一定延时，则根据过载的严重程度及本地切负荷轮次表选切相应的负荷线。若切除后过载仍未消除，则再经重复延时后选切剩余的负荷线。

线路反向过流联切本地 110kV 负荷线及 10kV 主变压器低压侧/线路；主变压器正向过流联切本地 110kV 负荷线及 10kV 主变压器低压侧/线路，主变压器/线路过载告警无需判别方向。

过载切负荷时，先计算出过载需切量，再根据本地切负荷轮次表进行排序选切，且不允许欠切。循环补切时剔除已切线路，包括断路器拒动的负荷线路，避免再次被选切。

（4）解列装置。针对电力系统失步振荡、频率崩溃或者电压崩溃时，在预先安排的适当地点有计划地自动将电力系统解开，或将电厂与连带的适当负荷自动与主系统断开，以平息振荡的自动装置称为解列装置。其可分为振荡解列装置、频率解列装置、低电压解列装置。

（5）低频低压减负荷装置。低频减负荷装置是在电力系统发生事故出现功率缺额引起频率急剧大幅度下降时，自动切除部分用电负荷使频率迅速恢复到允许范围内，以避免频率崩溃的自动装置。该装置是为防止系统无功缺额，引发电压崩溃事故，自动切除部分负荷使运行电压恢复到允许范围内的自动装置。

低压减负荷装置具有频率或电压下降速率快加速切负荷功能。为避免过切，一、二轮加速切除后，若频率、电压继续下降，则直接进入第三轮判断，按第三轮功率定值进行选切。为避免断路器拒动的负荷线再参与下一轮的功率比较，产生再次被选切以及欠切现象，装置具有剔除已切线路（不参与功率比较）的功能。为避免过切，当低频或低压返回时，将同时闭锁已经动作过的减载轮，闭锁后需待低频低压启动轮返回后，方可自动解除闭锁。

8.2 自动重合闸

8.2.1 自动重合闸的作用

在电力系统中，输电线路尤其是架空线路，最容易发生故障，因此必须设法提高输电线路供电的可靠性。而自动重合闸装置正是提高输电线路供电可靠性的有力的工具。其作用如下所述：

（1）提高供电的可靠性，减少因瞬时性故障停电造成的损失，对单侧电源的单回线的作用尤为显著。

（2）对于双端供电的高压输电线路，可提高系统并列运行的稳定性。是提高电力系统暂态稳定的重要措施之一。

（3）可以纠正由于断路器本身机构不良或者继电保护误动作而引起的断路器误跳闸。

（4）自动重合闸与继电保护相互配合，在很多情况下可以加速切除故障。

8.2.2 对自动重合闸装置的基本要求

（1）自动重合闸应优先采用由控制开关的位置与断路器位置不对应的原则来启动。即当控制开关在合闸位置而断路器实际上在断开位置的情况下，使重合闸启动，这样就可以保证不论是任何原因使断路器跳闸以后，都可以进行一次重合。当用手动操作控制开关使断路器跳闸以后，控制开关与断路器的位置仍然是对应的。因此，重合闸就不会启动。对于综合重合闸，宜实现同时由保护启动重合闸。

（2）自动重合闸装置动作应迅速。为了缩短对用户的停电时间，要求自动重合闸动作时间越短越好，但是自动重合闸动作时间还必须考虑保护装置的复归、故障点去游离后绝缘强度的恢复、断路器操动机构的复归及其准备好再次合闸的时间。

（3）手动跳闸时不应重合。当运行人员手动操作控制断路器或者通过遥控装置将断路器断开时，是属于正常运行操作，自动重合闸装置不应动作。

（4）手动合闸于故障线路时，继电保护动作使断路器跳闸后，自动重合闸装置不应重合。线路检修后进行试送电，若不成功，则说明线路故障可能是由于检修质量不合格或忘拆除接地线等原因造成的永久性故障，即使重合也不会成功。

（5）自动重合闸装置的动作次数应符合预先的规定。在任何情况下，均不应使断路器重合多次，这是因为当自动重合闸装置多次重合于永久性故障时，会使系统遭受多次冲击，损坏断路器，并扩大事故。即一次式重合闸就应该只动作一次，当重合于永久性故障而再次跳闸以后，就不应该在动作；对二次式重合闸就应该能够动作两次，当第二次重合于永久性故障而跳闸以后，其不应再动作。

（6）自动重合闸在动作以后，一般应能自动复归，准备好下一次再动作。但对 10kV 及以下电压的线路，如当地有值班人员时，为简化重合闸的实现，也可采用手动复归的方式。采用手动复归的缺点是：当重合闸动作后，在值班人员未及时复归以前，而又一次发生故障时，重合闸将拒绝动作，这在雷雨季节，雷害活动较多的地方尤其可能发生。

（7）自动重合闸装置应有可能在重合闸以前或重合闸以后加速继电保护的动作，以便更好地与继电保护相配合加速故障的切除。自动重合闸装置与继电保护配合，可以加速故障的切除，自动重合闸还应具有手动合于故障线路时加速继电保护动作的功能。

（8）在双侧电源的线路上实现重合闸时，应考虑合闸时两侧电源的同步问题，并满足所提出的要求。

（9）自动重合闸装置应能自动闭锁。当母线差动保护或按频率自动减负荷装置动作时，以及当断路器处于不正常状态（如操动机构中使用的气压、液压降低等）而不允许实现重合闸时，应将自动重合闸装置闭锁。

8.2.3 自动重合闸装置的分类

自动重合闸装置按其功能可分为以下三种类型。

1. 三相重合闸（三相一次重合闸）

三相重合闸是指不论线路发生的是单相短路故障还是相间短路故障，继电保护装置动作后均使断路器三相同时断开，然后重合闸再将断路器三相同时投入。若故障为暂时性的，则重合成功；若故障为永久性的，则继电保护将再次将断路器三相一起断开，而不再重合。当前一般只允许重合闸动作一次，故称为三相一次重合闸装置。

两端均有电源的输电线路采用三相一次重合闸装置时，应考虑时间的配合和同期问题。由于线路两侧继电保护，在输电线路上发生故障时，可能以不同时限断开两侧断路器；在某些情况下，当线路断路器断开后，线路两侧电源之间的电势角摆开，有可能是不同步的，此时，后合闸一侧的断路器在进行重合时，应考虑是否同步，以及是否允许非同期合闸。

在我国，两端电源线路上采用三相一次重合闸主要有以下几种方式：

（1）快速自动重合闸方式：当输电线路发生故障时，继电保护很快将线路两侧的断路器断开后接着进行重合。其要求线路两侧的断路器都装有能瞬时动作的保护整条线路的继电保护；线路两端必须采用可以进行快速重合闸的断路器；在两侧断路器重新合闸的瞬间，输电线路上所出现的冲击电流对电力系统各元件的冲击未超过其允许值。

（2）非同期重合闸方式：即不考虑系统是否同步而进行自动重合闸的方式。当线路断路器断开后，即使两侧电源已失去同步，也自动重新合上断路器并期待系统自动拉入同步。此方式下，系统中元件都将受到冲击电流的考验。

（3）检查另一回路电流的重合闸和自动解列重合闸方式：在没有其他旁路联系的双回线上，当不能采用非同期重合闸时，可采用检查另一回路上有电流的重合闸；在两侧电源的单回线上，当不能采用非同期重合闸时，一般采用解列重合闸方式。

（4）检查同期重合闸方式：当线路短路，两侧断路器跳开后，先让一侧的断路器合上，另一侧断路器在重合时，应进行同步检查，只有在断路器两侧段元满足同步条件时，才允许重合。此方式不会产生很大的冲击电流，且合闸后能很快拉入同步。

2. 单相重合闸

单相重合闸是指线路发生单相接地故障时，保护动作只跳开故障相断路器，然后进行单相重合。若故障是暂时性的，则重合后，恢复三相供电；若故障是永久性的，而系统又不允许长期非全相运行时，则重合后，保护动作跳开三相断路器，不再重合。单相重合闸的线路断路器必须能分相操作。如果线路发生相间短路时，跳开三相断路器，并不进行三相重合；若因任何其他原因断开三相断路器后，也不进行重合。

单相自动重合闸有以下三个特点：

（1）需要装设故障判别元件和故障选相元件：故障判别元件确定跳三相还是跳单相，而选相元件确定跳哪一相。选相元件是实现单相重合闸的重要元件。线路单相接地故障时，故障相的选相元件可靠动作，非故障的选相元件应可靠不动作，保证选择性和可靠性；且选相元件不影响主保护的性能，即对故障相末端发生的接地短路故障，该相的选相元件比线路保护更灵敏。多相短路时，可靠跳三相；若选相元件拒动，延时跳三相。

（2）应考虑潜供电流的影响：当线路故障相两侧断开后，由于非故障相与断开相之间存在着通过电容和互感的联系，虽然短路电流已被切断，但故障点弧光通道中仍然会有一定的数值的电流流过。潜供电流的存在，将维持故障点出的电弧，使之不易熄灭。当潜供电流熄灭瞬间，断开相由于电容耦合和互感产生的电压立即上升，使弧光复燃，再次出现弧光接地。由于潜供电流与恢复电压的影响，短路处的电弧不能很快熄灭。弧光通道去游离受到严重阻碍，而自动重合闸只有在故障点电弧熄灭，绝缘强度恢复后才能成功。

（3）应考虑非全相运行状态的各种影响：①负序电流的影响，负序电流将在发电机转子中产生两倍频率的交流分量，引起转子的附加发热，而转子中的偶次谐波也将在定子线圈中感应出偶次谐波，谐波与基波叠加，可能产生过电压；②零序电流的影响，非全相运行出现零序电流，对附近通信线路直接产生干扰，并可能造成通信设备过电压，对线路闭锁信号会产生影响；③非全相运行对继电保护的影响。

3. 综合重合闸

综合考虑单相重合闸和三相重合闸方式的装置。即当发生单相接地故障时，采用单向重合闸方式；当发生相间故障时，采用三相重合闸方式。由于综合重合闸装置经过转换开关的切换，一般具有单相重合闸、三相重合闸、综合重合闸和直跳四种运行方式。

8.2.4 自动重合闸装置与保护的配合

电力系统中，继电保护和自动重合闸装置配合使用可以简化保护装置，加速切除故障，提高供电可靠性。自动重合闸装置与继电保护装置配合方式有自动重合闸前加速和自动重合闸后加速两种。

1. 自动重合闸前加速

自动重合闸前加速是指当线路上（包括相邻线路及以外的线路）发生故障时，靠近电源侧的保护首先无选择性瞬时动作切除故障，然后再重合闸，如果是瞬时性故障，则重合闸后恢复供电；若为永久性故障，第二次保护动作按有选择性方式切除故障。重合闸前加速一般用于具有几段串联的辐射性网络中，自动重合闸装置仅装在靠近电源的一段线路上。其缺点是：切除永久性故障带有延时，同时在重合闸过程中所有用户都要暂时停电，装有重合闸装置的断路器动作次数较多，且一旦此断路器或者自动重合闸装置拒动，则停电范围扩大。

2. 自动重合闸后加速

当输电线路发生故障时，首先由故障线路的保护有选择性动作切除故障，然后自动重合闸装置进行重合，如果为瞬时性故障，则重合成功，线路恢复正常供电，若为永久性故障，则故障线路的加速保护装置不带延时的将故障再次切除。其优点是：第一次保护装置动作跳闸有选择性，不会扩大停电范围，再次断开永久性故障的时间加快，有利于系统并联运行的稳定性；其缺点是：第一次切除故障带有延时，影响重合闸的动作效果，每条线路都需要装设一套重合闸，投资大。

8.2.5 自动重合闸装置的异常及处理

8.2.5.1 自动重合闸装置拒动

（1）现象。保护动作开关跳闸，重合闸动作（或未动作），开关未合闸。

（2）原因。

1）重合闸时投切开关未投，使重合闸失去电源，或重合闸压板未投，使重合闸回路不通。

2）断路器合闸回路接触不良。

3）重合闸装置内部时间继电器或中间继电器线圈断线或接触不良。

4）重合闸装置内部电容器或充电回路发生故障。

5）重合闸连接片接触不良。

6）防跳跃中间继电器的动断触点接触不良。

7）合闸熔断器熔断或合闸接触器损坏。

8）重合闸启动前开关低气压或其他开关异常闭锁。

9）重合闸装置异常告警。

（3）影响。对于瞬时性故障，由于自动重合闸装置拒动，造成线路停电。

（4）调控处置。

1）监控员检查跳闸开关是否存在异常告警信息，通知运维单位现场检查，汇报相关调度跳闸及异常情况，加强相关线路潮流、母线电压的监视，并做好远方遥控操作准备。

2）若由于开关低气压或者其他开关异常闭锁造成的重合闸拒动，调度员将故障开关转检修，安排电网运行方式，做好 N-1 方式下的事故预案；若非开关原因造成的重合闸拒动，则对故障跳闸线路进行一次远方试送，若试送成功恢复供电，将相关自动重合闸装置退出运行；若试送不成功，则下达调度操作指令，将故障线路转检修。

8.2.5.2 自动重合闸装置故障

（1）现象。重合闸装置故障光字牌动作。

（2）原因。自动重合闸装置内部故障；自动重合闸装置失电。

（3）影响。若线路故障跳闸后，重合闸装置拒动，对于瞬时性故障，则造成线路停电。

(4) 调控处置。

1) 监控员通知运维单位现场检查，汇报相关调度异常情况。

2) 若现场检查确认自动重合闸装置故障不能运行，则将该自动重合闸停用，并做好 $N-1$ 方式后的事故预案。

8.2.5.3 自动重合闸装置充电异常

(1) 现象。自动重合闸装置未充电光字牌动作。

(2) 原因。

1) 重合闸装置内部电容器或充电回路发生故障。

2) 断路器合闸位置辅助继电器损坏。

3) 断路器合闸位置接触器接触不良。

(3) 影响。若线路故障跳闸后，重合闸装置拒动，对于瞬时性故障，则造成线路停电。

(4) 调控处置。

1) 监控员通知运维单位现场检查，汇报相关调度异常情况；

2) 将该自动重合闸停用，并做好 N-1 方式后的事故预案。

8.3 备用电源自动投入装置

备用电源自动投入装置是指当工作电源或工作设备因故障被断开以后，能自动而迅速地将备用电源或备用设备投入工作，使用户不停电的一种自动装置，简称为 AAT 装置。

8.3.1 备用电源自动投入装置的作用

采用备用电源自动投入装置有以下优点：

(1) 提高供电的可靠性，节省建设投资。

(2) 简化继电保护。采用了备用电源自动投入装置后，环形供电网络可以开环运行，变压器可以分裂运行，在保证供电可靠性的前提下，继电保护装置可以简化。

(3) 限制短路电流、提高母线残余电压：在受端变电站，如果采用环网开环运行和变压器分裂运行，将使短路电流受到一些限制，供电母线上的残余电压也相应提高一些，有利于系统运行；在某些场合，由于短路电流受到限制，因而不需要再装出线电抗器，节省了投资。

在下列情况应装设备用电源自动投入装置：

1）装有备用电源的发电厂厂用电源和变电站站用电源。

2）双电源供电，其中有一个电源经常断开作为备用的变电站。

3）降压变电站内有备用变压器或互为备用的母线段。

4）有备用机组的某些重要辅机。

8.3.2 对备用电源自动投入装置的基本要求

对备用电源自动投入装置的基本要求是针对装置在工程应用时应该满足的要求，每一个要求应该对应一个实际问题，包括如下内容：

（1）手跳工作电源，备用电源不应动作。确实需要断开电源的情况下，备用电源不应动作。利用工作电源进线断路器的合后触点作为备用电源自动投入装置的输入开关量，手跳时该触点断开，退出备自投。

（2）备用电源自动投入装置应保证只动作一次。当工作母线发生永久性短路故障或者引出线上发生永久性短路故障未被其断路器断开时，备用电源第一次投入后，由于故障仍然存在，继电保护装置动作将备用电源断开。此后，不允许再次投入备用电源，以免多次投入对系统造成不必要的再次冲击。

（3）无论因何种原因工作母线上的电压消失时，备用电源自动投入装置均应动作。为了满足这一要求，备用电源自动投入装置在工作母线上应设有独立的低电压启动部分，并设有备用电源电压监视继电器。但当工作母线和备用母线同时失去电压时，备用电源自动投入装置不应动作。

（4）备用电源自动投入装置的动作时间应使负荷的停电时间尽可能短。工作电源失去电压时起到备用电源投入时止，对于用户来说希望停电时间尽可能短。但停电时间过短，电动机的残压可能很高，投入备用电源时，如果备用电源电压和电动机残压之间的相角差又较大，将会产生很大的冲击电流而造成电动机的损坏。高压大容量电动机因其残压衰减慢，幅值又大，因此其工作母线中断电源的时间应在1s以上。备用电源自动投入装置的动作时间以1～1.5s为宜，低压场合可减至0.5s。

（5）当工作母线和备用母线同时失去电压时，备用电源自动投入装置不应启动。正常工作情况下，如果备用母线无电压，备用电源自动投入装置应退出工作，避免不必要的动作。如果因系统故障造成工作母线和备用母线同时失去电压，装置也不应动作。

防止其误动的措施：备用电源自动投入装置装设备用母线电压鉴定的继

电器。

（6）低压启动部分电压互感器二次侧熔断器熔断时，备用电源自动投入装置不应动作。

防止其误动的措施：低压启动部分采用两个低压继电器，其线圈 V 形连接，触点串联。

（7）应校验备用电源自动投入装置动作时备用电源的过负荷情况及电动机自启动情况；如果备用电源投入到故障设备上，应使其保护加速动作。

（8）应具备闭锁功能。

8.3.3 备用电源自动投入装置的异常及处理

8.3.3.1 备用电源自动投入装置拒动

（1）现象。保护动作开关跳闸，备用电源自动投入装置拒动。

（2）原因。

1）误投闭锁备自投压板。

2）闭锁回路误开入。

3）装置定值整定错误。

（3）影响。由于备用电源自动投入装置拒动，造成用户停电。

（4）调控处置。

1）监控员通知运维单位现场检查，汇报相关调度跳闸及异常情况，加强相关线路潮流、母线电压的监视，并做好远方遥控操作准备。

2）安排调整电网运行方式，尽快用户供电，并做好事故预案。

8.3.3.2 备用电源自动投入装置误动

（1）现象。在无故障情况下，备用电源自动投入装置动作。

（2）原因。

1）电压回路断线，但负荷电流太小，备用电源自动投入装置不能受电流闭锁。

2）误碰备用电源自动投入装置二次回路包括信号回路、进线电流回路、跳合进线和分段开关回路或者误接二次接线。

3）各个电压等级的定值配合不合适。

（3）影响。备用电源自动投入装置误动作，造成开关误分合。

（4）调控处置。

1）监控员通知运维单位现场检查，汇报相关调度异常情况。

2）查明备用电源自动投入装置误动原因，恢复电网正常运行方式，并做好事故预案。

8.3.3.3　备用电源自动投入装置故障

（1）现象。备用电源自动投入装置故障光字牌动作。

（2）原因。

1）备用电源自动投入装置内部故障。

2）备用电源自动投入装置失电。

（3）影响。若开关跳闸后，备用电源自动投入装置故障拒动，则造成用户停电。

（4）调控处置。

1）监控员通知运维单位现场检查，汇报相关调度异常情况。

2）若现场检查确认备用电源自动投入装置故障，不能运行，则将备用电源自动投入装置停用，并做好 $N-1$ 方式后的事故预案。

8.3.3.4　备用电源自动投入装置异常

（1）现象。备用电源自动投入装置异常光字牌动作。

（2）原因。

1）开关有流而相应 TWJ 为“1”，TWJ 异常。

2）分段开关电流不平衡，TA 异常。

3）母线 TV 断线。

4）控制回路断线。

5）弹簧为储能或压力低闭锁。

6）系统频率低于 49.5Hz，则报频率异常。

（3）影响。若开关跳闸后，备用电源自动投入装置异常，可能造成备用电源自动投入装置闭锁。

（4）调控处置。监控员通知运维单位现场检查，汇报相关调度异常情况并做好事故预案。

8.4　主变压器/线路过载联切负荷装置

近年来，变压器的事故次数逐年上升。由于 220kV 的变压器的中压侧为并列运行方式，因此当某一台 220kV 变压器因内部故障或者其他原因被切除，则两台变压器的负荷将全部转移到另外一台变压器上。此时，运行变压器可能会出现接近 2 倍或者 2 倍以上的严重过负荷现象。因此需变压器过负荷联切装置来确保运行变压器的正常运行。

8.4.1 设备过负荷原因

变压器或线路等设备允许尝试长时间流过的电流值称为安全电流，如果设备实际流过电流超过其安全电流则出现过负荷现象。电力设备都有一定过负荷能力，设备允许过负荷的时间与过载倍数、环境温度、风速、日照等因素有关，过载倍数小则允许时间较长，过载倍数大则允许时间短，具有反时限特性。输电回路中串接多种设备（导线、金具、阻波器、电流互感器、开关、刀闸等），输送电流受允许电流最小设备的限制。

设备过负荷如果处理不及时则可能导致严重后果：

（1）设备因过热而损坏，导致变形，弛度增加，甚至线路烧断、变压器烧毁。

（2）线路因弧垂增加与下方物体发生短路，导致线路跳闸，引起与之平行的线路更严重的过载。

（3）引发电力系统连锁反应，出现大面积停电事故。

线路与主变压器过负荷分为两类：突然过负荷与缓慢过负荷。缓慢过负荷是由负荷的增长引起的。缓慢过负荷因过载倍数低、允许时间长，可通过调度员调整系统状态予以消除；突然过负荷一般过载倍数大，允许时间短，需要采取过负荷控制来解决。

引起线路突然过负荷的原因有：

1）平行线中一回线突然跳闸。

2）电磁环网高压侧线跳闸潮流向低压侧转移；环网系统在不平衡点解开。

3）突然失去大电源，引起潮流重新分布。

4）线路突然跳闸后潮流重新分布引起某些线路过负荷。

引起主变压器突然过负荷的原因有：

1）并联变压器一台跳闸，引起另一台过负荷。

2）电磁环网高压侧线路跳闸潮流向低压侧转移。

8.4.2 主变压器过载的危害

长时间的主变压器过负荷运行会使主变压器系统温度升高，导致主变压器绝缘老化损坏甚至引起大面积停电，严重影响了供电区域的正常生活。主变压器过载运行的危害主要表现为绝缘老化、电压输出以及内部损耗三个方面。

（1）主变压器绝缘老化。主变压器是通过绕组间的电磁感应进行电压和电流转换的设备，绕组嵌套铁芯柱，当主变压器过载运行时会使内部绕组与铁芯的所有电能转化为热能，从而使主变压器的温度急剧升高。绕组的温度不断上升也使主变压器中绝缘油的温度急剧升高，从而引起变压器损坏甚至爆炸。主要原因归结为以下三个方面：

1）绝缘油温度的急剧增加使得绝缘油表面产生气泡，使得变压器的绝缘强度下降，非常容易造成绝缘油被电流击穿，减少变压器的寿命甚至毁坏变压器。

2）过高的温度使绕组线圈的绝缘强度降低，当电压过低造成短路时，较强的外部动力使得绕组线圈在极短的时间内就会被压缩变形，从而导致变压器损坏。

3）主变压器连续过负荷运行会使主变压器内套管导杆严重发热，高温将导致原本已经处于老化状态的密封圈破裂，从而造成变压器油渗漏，引发主变压器套管爆炸。

主变压器过载运行会导致主变压器中各部件温度升高，使得绝缘老化加速，从而造成变压器的损坏，影响电网的正常运行。

（2）主变压器的输出电压降低。变电站的主要作用是将发电厂所发出的电能通过高—低压转换传输给用户，而其中的转换过程就是要依靠变压器来实现。在变压器过负荷运行时，变压器所承受的容量已经远远超出了变压器的额定容量，此时变压器上部分部位的温度迅速升高，次级线圈感应的电压降低，变压器二次输出电压随之降低。输出电流远大于额定电流，当输出电流达到短路电流时，电压随之下降为零，从而使变压器发生短路，影响变电站的正常供电。

（3）主变压器的损耗增加。变压器的损耗主要来自于空载损耗和短路损耗两个方面。空载损耗是由变压器铁芯发热引起的，即铁损。短路损耗是由变压器线圈（铜线）电阻发热引起，即铜损。在允许范围内损耗是正常的，通常情况下不会影响变压器的使用寿命，但是，当变压器过载运行时，变压器的承受容量已经超过了额定容量，也就是说变压器的运行已经超出了经济运行的范围，温度的迅速升高加快变压器的能量消耗程度。主变压器持续过负荷运行主要加剧了绕组线圈温度的增加，从而使铜损快速增加，一般情况下，铜损呈平方关系增加，造成主变压器的使用寿命急剧下降。

8.4.3　主变压器/线路过载联切负荷装置工作原理

过负荷联切保护在保证变压器安全运行的前提下，通过多级多轮出口，保证切除的负荷量最少。有效减小了因变压器故障造成的供电中断的影响。

在充分保证变压器安全运行的前提下，为了将负荷损失控制到最小范围，将过负荷联切的动作分为多级，每级可以多驱动出口继电器。每级的延时不同，可以针对不同的过负荷情况，灵活地安排过负荷的延时各轮出口，每轮可以安排不同的联切线路，进行试探性轮切，最终尽量逼近最小切除负荷值。

主变压器过载联切负荷逻辑图如图 8-2 所示。

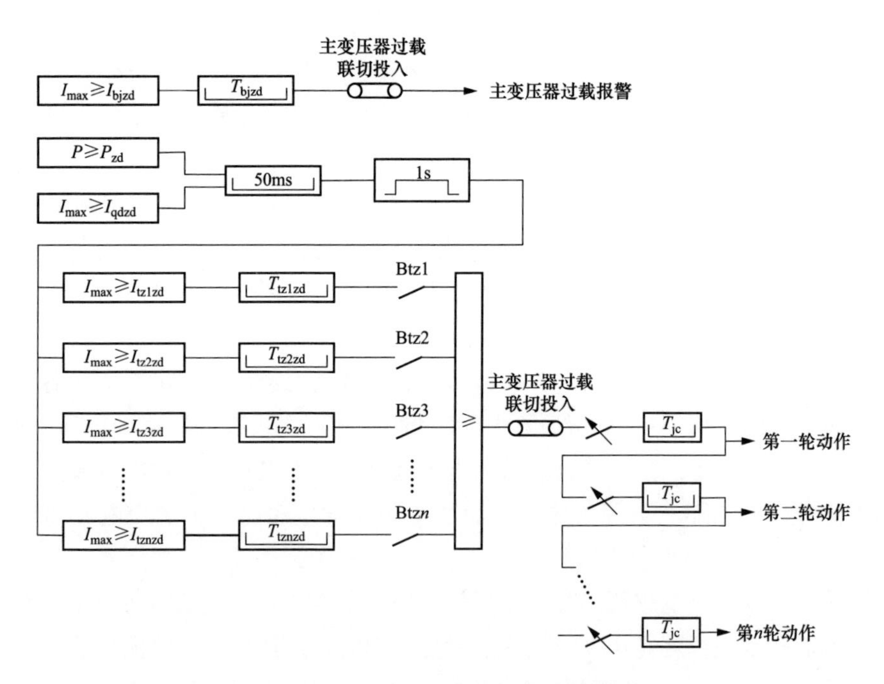

图 8-2　主变压器过载联切负荷逻辑图

8.4.4　主变压器/线路过载联切负荷装置异常及处理

8.4.4.1　主变压器/线路过载联切负荷装置故障

（1）现象。主变压器/线路过载联切负荷装置故障光字牌动作。

（2）原因。

1）主变压器/线路过载联切负荷装置内部故障。

2）主变压器/线路过载联切负荷装置失电。

（3）影响。当主变压器或者220kV线路发生过负荷时，无法按照轮次切除负荷，造成主变压器或者线路的损害。

（4）调控处置。

1）监控员通知运维单位现场检查，汇报相关调度异常情况。

2）若现场检查确认主变压器/线路过载联切负荷装置故障，不能运行，则将主变压器/线路过载联切负荷装置停用，联系检修部门抢修处理。

8.4.4.2 主变压器/线路过载联切负荷装置异常

（1）现象。主变压器/线路过载联切负荷装置异常光字牌动作。

（2）原因。装置内部自检、巡检异常、TV断线、TA断线。

（3）影响。当主变压器或者220kV线路发生过负荷时，可能无法按照轮次切除负荷，造成主变压器或者线路的损害。

（4）调控处置。

1）监控员通知运维单位现场检查，汇报相关调度异常情况。

2）若不能复归，将主变压器/线路过载联切负荷装置停用，联系检修部门抢修处理。

8.5 自动解列装置

8.5.1 自动解列装置的概念

当发电机和电力系统其他部分之间、系统的一部分和系统其他部分之间失去同步并无法恢复同步时，将它们之间的联系切断，分成相互独立、互不联系的两部分的技术措施。自动解列装置是最终为维持电力系统稳定运行、防止事故扩大造成严重后果的重要措施。

当电力系统受到干扰，其稳定性遭到破坏，发电机之间失去同步，电力系统就过渡到非同步振荡的状态。非同步振荡的结局有两种可能：①利用发电机和电力系统允许的短期非同步运行的性能，采取适当的技术措施，使失去同步的两部分重新进入同步振荡过程，而后衰减到新的稳态运行状态，称为再同期；②无法恢复同步，则将两个不同步部分之间的联系切断，分解成两个互不联系的部分，从而结束非同步振荡，称为解列。

电力系统自动解列的原则是：①尽量保持解列后各部分系统的功率平衡，放置电压、频率急剧变化。②解列点应选在有功、无功分点上或者交换功率最小处。③适当地考虑操作方便、易于恢复且具有较好的远动、通信条件。

一般在下列情况下，电网应能实现自动解列：

(1) 当电网中非同期运行的各部分可能实现再同期，且对负荷影响不大时，应采取措施，以促使将其拉入同期。如果发生持续性的非同期过程，则经规定的振荡周期数后，应在电网间联网的联络线弱联系处将电网解列。

(2) 主要由电网供电的带地区电源的终端变电站或在地区电源与主网联络的适当地点，当电网发生事故、与电网相连的线路发生故障或地区电网与主电网发生振荡时，应在预定地点解列。

(3) 大型企业的自备电厂，为保证在主电网电源中断或发生振荡时，不影响企业重要用户的供电，应在适当的地点设置解列点。

(4) 并列运行的重负荷线路中一部分线路断开后，或并列运行的不同电压等级线路中主要高压送电线路断开后，可能导致继续运行的线路或设备严重过负荷时，应在预定地点或暂时未解环的高低压电磁环网预定地点解列或自动减负荷。

(5) 事故时专带厂用电的机组。

(6) 当故障后难以实现再同期或者对负荷影响较大时，应立即在预定地点将电网解列。

一般在电网中的以下地点，可考虑设置自动解列装置：

1) 电网间联络线上的适当地点如弱联系处（同时应考虑电网的电压波动）。

2) 地区电网中由主电网受电的终端变电站母线联络断路器。

3) 地区电厂的高压侧母线联络断路器。

4) 专门划作电网事故紧急启动电源专带厂用电的发电机组母线联络断路器。

8.5.2 自动解列装置的分类及解列点的设置原则

自动解列装置主要有以下三大类：

(1) 振荡失步解列装置：经过稳定计算，在可能失去稳定的联络线上安装振荡解列装置，一旦稳定破坏，该装置自动跳开联络线，将失去稳定的系统与主系统解列，以平息振荡。

电力系统运行中，因系统内出现短路、大容量发电机跳闸或失磁、立即切除大负荷线路、系统负荷突变、电网结构及运行方式不合理，以及系统无功电力不足导致电压崩溃、联络线跳闸及非同期并列操作等原因，电力系统的稳定性受到破坏，导致系统间失去同步，即为振荡。系统产生非同期振荡，就是系统发生稳定问题，一是趋向稳定的振荡，即摆动幅度越来越小，振荡衰减，达到新的稳态运行；二是振荡发展下去，导致失步，产生系统事故。对于第一种振荡现象，不需要处理，应严密监视；对第二种振荡，需采用措施创造条件恢复同步运行。通常出现振荡是一台机组或全部机组与系统间产生振荡，或是系统的各部分之间失去同期，出现非同期振荡。表现为线路、发电机和变压器的电压、电流、功率都周期摆动，振荡中心的电压摆动最大；联络线的输送功率也往复摆动，且每一周期的平均功率趋于零。

（2）逆功率解列装置：逆功率解列用于保护汽轮机，当主汽门误关闭或机组保护动作于关闭主汽门而出口断路器未跳闸时，发电机将变为电动机运行，从系统中吸收有功功率。

汽轮机的进汽不能冲动汽轮发电机组达电网频率要求的转速时，发电机从系统吸收有功以维持转速。此时由于进汽量过低无法满足低压缸特别是末几级动叶的冷却要求，末几级叶片在鼓风摩擦的作用下温度升高，同时低压缸排汽区温度升高，造成末级叶片损坏或者低压缸膨胀后中心抬高而振动增大。因此设有逆功率解列装置，当发生逆功率时解列发变组，以保护低压缸末几级动叶。

（3）低频低压解列装置：地区功率不平衡且缺额较大时，应考虑在适当地点安装低频低压解列装置，以保证该地区与系统解列后，不因频率或电压崩溃造成全停事故，同时也能保证重要用户供电。

在功率缺额的受端小电源系统中，当大电源切除后发供严重不平衡时，将造成频率或者电压降低，当低频低压减负荷不能满足安全运行要求时，必须在某些地点装设低频或者低压自动解列装置。在功率缺额的小电源系统中，一般表现为频率下降。但当功率缺额过大而无功不足时，可能因电压偏低造成有功功率下降，频率不降低。但若电压不断降低，将造成电压崩溃，此时使用低压解列装置。

解列点设置的原则为：

（1）当电网中非同期运行的各部分可能实现再同期，且对负荷影响不大时，应采取措施，以促使将其拉入同期。如果发生持续性的非同期过程，则经过规定的振荡周期数后，应在电网间联网的联络线弱联系处将电网解列。

（2）主要由电网供电的带地区电源的终端变电站或在地区电源与主网联络的适当地点，当电网发生事故、与电网相连的线路发生故障或地区电网与主电网发生振荡时，应在预定地点解列。

（3）大型企业的自备电厂，为保证在主电网电源中断或发生振荡时，不影响企业重要用户的供电，应在适当的地点设置解列点。

（4）当并列运行的重负荷线路中一部分线路断开后，或并列运行的不同电压等级线路中主要高压送电线路断开后，可能导致继续运行的线路或设备严重过负荷时，应在预定地点或暂时未解环的高低压电磁环网预定地点解列或自动减负荷。

（5）事故时专带厂用电的机组，当故障后难以实现再同期或者对负荷影响较大时，应立即在预定地点将电网解列。

8.5.3 自动解列装置的异常及处理

8.5.3.1 自动解列装置故障

（1）现象。自动解列装置故障光字牌动作。

（2）原因。自动解列装置内部故障、自动解列装置失电。

（3）影响。当系统发生短路、大容量发电机跳闸或失磁、切除大负荷线路、系统负荷突变、系统无功电力不足导致电压崩溃、联络线跳闸及非同期并列操作等事故时，系统的稳定性受到破坏，自动解列故障拒动，造成系统瘫痪，引起大面积停电事件。

（4）调控处置。

1）监控员通知运维单位现场检查，汇报相关调度异常情况。

2）若现场检查确认自动解列装置故障，不能运行，则将自动解列装置停用，联系检修部门抢修处理。

8.5.3.2 自动解列装置异常

（1）现象。自动解列装置异常光字牌动作。

（2）原因。装置内部自检、巡检异常；TV 断线；控制回路断线；线路电压异常。

（3）影响。当系统遭受干扰，系统稳定性找到破坏时，若自动解列装置异常，则可能造成自动解列装置拒动，造成系统瘫痪及大面积停电事件。

（4）调控处置。

1）监控员通知运维单位现场检查，汇报相关调度异常情况。

2）若不能复归，则将自动解列装置停用，联系检修部门抢修处理。

8.6 低频低压减负荷装置

为了提高供电质量，保证重要用户供电的可靠性，当系统中出现有功功率缺额引起频率、电压下降时，根据频率、电压下降的程度，自动断开一部分用户，阻止频率、电压下降，以使频率、电压迅速恢复到正常值，这种装置叫自动低频、电压减负荷装置。它不仅可以保证对重要用户的供电，而且可以避免频率、电压下降引起的系统瓦解事故。

8.6.1 低频减负荷概述

低频减负荷又称自动按频率减负载，或称低周减载（简称为 AFL），是保证电力系统安全稳定的重要措施之一。其作用是当电力系统出现严重的有功功率缺额时，通过切除一定的非重要负荷来减轻有功缺额的程度，使系统频率保持在事故允许限额之内，保证重要负荷的可靠供电。

（1）低频减负荷装置的基本要求：

1）能在各种运行方式和功率缺额的情况下，有效地防止系统频率下降至危险点以下。

2）切除的负荷应尽可能少，无超调和悬停现象。

3）应能保证解列后的各孤立子系统也不发生频率崩溃。

4）变电站的馈电线路故障或变压器跳闸造成失压，负荷反馈电压的频率衰减时，低频减负荷装置应可靠闭锁。

5）电力系统发生低频振荡时，不应误动。

6）电力系统受谐波干扰时，不应误动。

（2）自动低频减负荷装置的闭锁方式：

1）时限闭锁方式。当电源短时消失或重合闸过程中，如果负荷中电动机比例较大，则由于电动机的反馈作用，母线电压衰减较慢，而电动机转速却降低较快，此时即使带有 0.5s 延时，也可能引起低频减负荷的误动；同时当基本级带 0.5s 延时后，对抑制频率下降不利。目前这种闭锁方式一般不用于基本级，而用于整定时间较长的特殊级。

2）低电压带时限闭锁。该闭锁方式是利用电源断开后电压速度下降来闭锁低频减负荷。在线路重合闸期间，负荷与电源短时解列，负荷中的感应电动机、同步电动机、调相机会产生较低频率的电压。因此，电源中断后，各母线电压（正序电压）逐渐衰减、频率逐渐衰减。由于频率降低，容易导致低频减负荷动作，将负荷切去，而当自动重合闸动作或备用电源自动投入恢复供电时，这部分负荷已被切去。低电压闭锁可防止这种低频减负荷的误动作。当供电中断时，频率下降到 f_{set} 时，时间元件 T 启动；在时间元件 T 动作前，各母线电压已降低到低电压闭锁值，时间元件立即返回，防止了误动。一般情况下，低电压元件（正序电压元件）的动作电压取 0.65～0.7 倍额定电压，时间元件 T 的延时取 0.5s。由于电动机电压衰减较慢，因此必须带有一定的时限才能防止误动。特别是在受端接有小电厂或同步调相机及容性负荷比较大的降压变电站内时，很易产生误动。另外，采用低电压闭锁也不能有效地防止系统振荡过程中频率变化而引起的误动。

3）低电流闭锁方式。该闭锁方式是利用电流断开后电流减小的规律来闭锁低频减负荷。当负荷电流小于欠流定值时，可以认为该线路处于“休眠状态”，此时闭锁低频减负荷。欠流定值按躲过最小负荷电流整定。该方式的主要缺点是电流定值不易整定，某些情况下易出现拒动的情况，同时，当系统发生振荡时，也容易发生误动。目前这种方式一般只限于电源进线单一、负荷变动不大的变电站。

4）滑差闭锁方式。滑差闭锁方式亦称频率变化率闭锁方式。频率滑差闭锁是检测系统频率下降速度大小而构成的一种闭锁方式。当系统发生故障时，频率快速下降，滑差（频率变化率）较大，此时闭锁低频减负荷。当系统有功不足，频率缓慢下降，滑差较小，此时开放低频减负荷。一般取 $|df/dt|$ 值大于 3Hz/s。该方式利用从闭锁级频率下降至动作级频率的变化速度（$\Delta f/\Delta t$）是否超过某一数值来判断是系统功率缺额引起的频率下降还是电动机反馈作用引起的频率下降，从而决定是否进行闭锁。为躲过短路的影响，也需带有一定延时。目前这种闭锁方式在实际中被广泛应用。

8.6.2 低压减负荷概述

低压减负荷的作用是当电力系统无功功率不足引起电压下降时，装置可根据电压下降值自动切除部分负荷，确保系统内无功平衡，使电网的电压恢复正常；当电力系统的电压下降较快时，装置配有根据 du/dt 加速切负荷的功能，以期尽快制止电压下降，防止系统电压崩溃，并使电压恢复到允许的运行范围内。

低压减负荷特征如下：

（1）低压减负荷设有断路器合位判据和可投退的无流闭锁环节。

（2）低压减负荷设置了可投退的电压滑差闭锁元件：当系统发生短路故障时，若装置检测到的电压下降滑差大于下降滑差定值时，装置将闭锁低压减负荷功能。

（3）当保护动作切除系统故障后，装置安装处的电压迅速回升，若装置检测到的电压上升滑差大于上升滑差定值且恢复后的三相电压高于母线有压定值，或者恢复后的三相电压高于低压定值的返回值时，装置将解除滑差闭锁。

（4）为防止 TV 断线引起的低压减载误动，加有“线电压大于 20V”和“负序电压小于 7V”的判据。

（5）低压减负荷的出口接点与保护跳闸接点相独立，设独立出口压板。

8.6.3 低频低压减负荷装置的异常及处理

8.6.3.1 低频低压减负荷装置故障

（1）现象。低频低压减负荷装置故障光字牌动作。

（2）原因。低频低压减负荷装置内部故障；低频低压减负荷装置失电。

（3）影响。当系统发生短路、大容量发电机跳闸或失磁、切除大负荷线路、系统负荷突变及系统无功电力不足导致电压崩溃、联络线跳闸等事故时，低频低压减负荷装置故障拒动，造成系统频率、电压崩溃。

（4）调控处置。

1）监控员通知运维单位现场检查，汇报相关调度异常情况。

2）若现场检查确认低频低压减载装置故障，则将低频低压减负荷装置停用，联系检修部门抢修处理。

8.6.3.2 低频低压减负荷装置动解列装置异常

（1）现象。低频低压减负荷装置异常光字牌动作。

（2）原因。装置内部自检、巡检异常；TV 断线

（3）影响。当系统遭受干扰，若低频低压减负荷装置异常，则可能导致低频低压减负荷装置故障而拒动，造成系统频率、电压崩溃。

（4）调控处置。

1）监控员通知运维单位现场检查，汇报相关调度异常情况。

2）若不能复归，则将低频低压减负荷装置停用，联系检修部门抢修处理。

第9章

调度自动化系统

9.1 概　　述

9.1.1 调度自动化系统概述及作用

电力调度自动化是基于计算机、通信、控制技术的自动化系统的总称，是在线为各级电力调度机构生产运行人员提供电力系统运行信息（包括频率、发电机功率、线路功率、母线电压等）、分析决策工具和控制手段的数据处理系统。

调度自动化系统为保证可靠持续供电、良好的电能质量、电力系统的安全经济运行提供了核心技术保障。其主要作用包括：

（1）对电网运行状态实现监控。电网正常运行时，通过调控人员监视和控制电网的频率、电压、潮流、负荷与出力，主设备的位置状况及水、热能等方面的工况指标，使之符合规定，保证电能质量和用户计划用电、用水和用汽的要求。

（2）对电网运行实现经济调度。在对电网实现安全监控的基础上，通过调度自动化的手段实现电网的经济调度，以达到降低损耗、节省能源，从而实现发电成本最低化的目标。

（3）对电网运行实现安全分析和事故处理。导致电网发生故障或异常运行的因素非常复杂，且过程十分迅速，如不能及时预测、判断或者处理不当，不但可能危及人身和设备安全，甚至会使电网瓦解崩溃，造成大面积停电，给国民经济带来严重损失。

9.1.2 调度自动化系统的基本结构和功能

调度自动化系统是计算机技术、运动技术、控制技术、网络技术、信息通信技术在电力系统的综合应用，贯穿电力系统发、输、变、配、用等各个环节，其总体结构如图 9-1 所示。调度自动化系统按功能可分为信息采集和命令执行子系统、信息传输子系统、信息处理和分析控制子系统、人机联系子系统四个子系统。

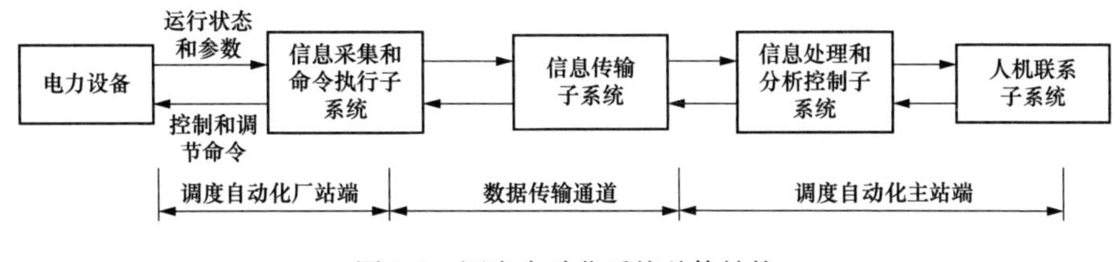

图 9-1　调度自动化系统总体结构

(1) 信息采集和命令执行子系统。信息采集和命令执行子系统是调度自动化系统的基础，实现“四遥”功能。

1) 收集调度管辖的发电厂、变电站中各种表征电力系统运行状态的实时信息，并根据需要向调度控制中心转发各种监视、分析和控制所需的信息。收集的量包括遥测、遥信量、电能量、水库水位、气象信息及保护的动作信号等。

2) 接受上级调控中心根据需要发出的操作、控制和调节命令，直接操作或转发给本地执行单元或执行机构。执行量包括开关分合闸操作命令，变压器分接头位置切换操作，发电机功率调整、电压调整，电容电抗器无功设备投切，发电调相切换甚至修改继电保护软压板投退、定值区切换等。

上述功能在厂站端通常由综合远动装置实现，或以微机为核心的远方终端 RTU (Remote Terminal Unit) 实现。在有综合远动装置或 RTU 的厂站直接和调控中心相连，或由其他厂站转发。

(2) 信息传输子系统。信息传输子系统是电力调度控制中心与厂站端 (RTU) 信息沟通的桥梁。负责将远动终端的各种实时信息（包括遥测、遥信信息）及时、准确地上传至调度控制中心，同时将主站端发出的各种调度命令（包括遥调、遥控命令）可靠地下达到各相关厂站，即完成主站端与远动终端之间信息与命令可靠、准确的传输。信息传输通道一般分为专用远动通道（专线）和电力调度数据网络两种传输方式。

(3) 信息处理和分析控制子系统。信息处理和分析控制子系统是调度自动化系统的核心，是电网安全、经济运行的神经中枢和调度指挥的司令部。

1) 实时信息的处理。包括形成正确表征电网当时运行情况的实时数据库，确定电网的运行状态，对超越运行允许限值的实时信息给出报警信息，提醒调度员注意。

2）离线分析。可以编制运行计划，编制检修计划，进行各种统计数据的整理分析。

3）提高电能质量方面：有自动发电控制AGC，以维持系统频率在额定值，及联络线功率在预定的范围之内。无功电压控制保证系统电压水平在允许的范围之内，同时使系统网损尽可能小。

4）保证系统安全方面：包括对当前系统的安全监视、安全分析和安全校正。安全监视是调度员经常要做的工作，当发现系统运行状态异常时，要及时处理。安全分析主要是预想事故的分析、看在预想事故下系统是否仍处在安全运行状态，如果出现不安全运行状态由安全校正功能进行计算并给出校正控制对策。

5）保证经济性方面：主要是由计算机做出决策，调整系统中的可调变量，使系统运行在最经济的状态。

（4）人机联系子系统。人机联系子系统即为主站系统，将计算机分析的结果以对调度员最为方便的形式显示给调度员。通过人机联系子系统，调度员可随时了解其所关心的信息，随时掌握系统运行情况，通过各种信息作出判断并以十分便捷的方式下达决策命令，实现对系统的实时控制。

9.2 厂站自动化系统

9.2.1 厂站自动化系统组成框架

厂站自动化基本任务是通过采集、处理、传输等技术手段，为电力调度、电力生产等主站系统提供完整、正确的电网运行信息和电网设备运行信息；为厂站设备的远程操作控制提供可靠的技术手段支撑；其强大的人机界面与相关应用功能为变电站无人值班模式提供了完备的远方监视、控制及运行管理等技术手段。

图9-2为厂站自动化系统组成框架图。其中虚线框内为智能变电站自动化系统的组成框图。厂站自动化系统的主要功能是监视、控制。厂站自动化系统分为过程层、间隔层和站控层，一般情况下通过网络实现各层间设备的互联。过程层的典型设备有远方I/O、智能传感器、执行器。间隔层由厂站每个间隔的监视、控制和保护单元构成；其设备主要是各类智能电子设备（IED），通过电缆

或者光纤完成对一次设备运行状态的采集和控制，也可以直接从过程层读取设备运行状态和相关数据，且通过网络/现场总线与站控层设备间实现数据通信。站控层设主要由数据处理服务器、操作员工作台、远方通信接口设备等组成；站控层设备通过厂站内数据交换网络获取间隔层设备内的数据，并在操作员工作台上进行数据组合与整理，完成对一次设备的监视与控制，并根据各级调度的不同要求通过远动通信工作站转发厂站内一次、二次设备相关信息。

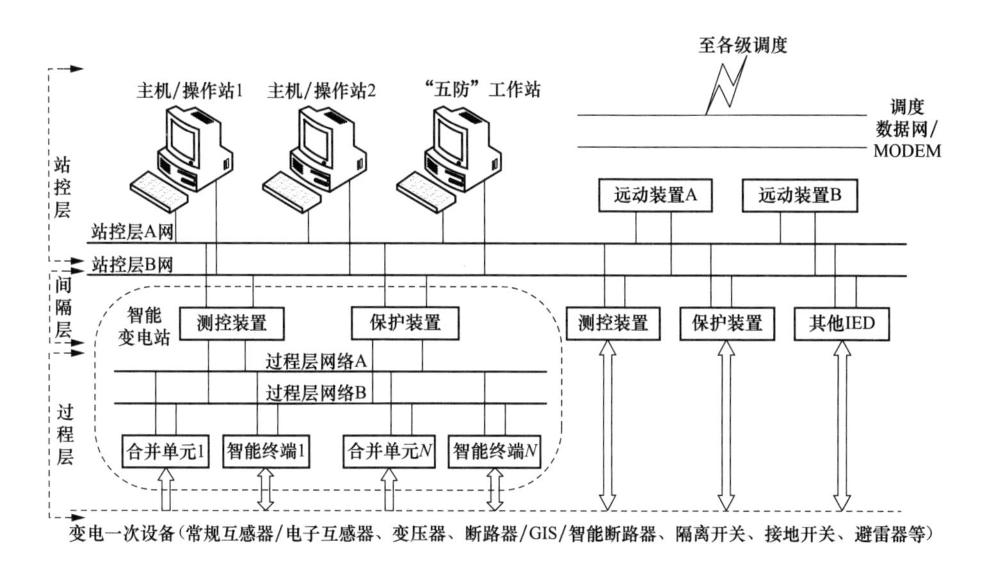

图 9-2　厂站自动化系统组成框架

9.2.2　厂站自动化系统数据流分析

厂站自动化系统的主要设备有测控装置、远动装置、后台监控。其中测控装置是采集厂站内各间隔一、二次设备量测遥测值及节点开入遥信数据，且接点输出遥控命令实现对一次设备的远方控制功能；同时具备本间隔层逻辑联、闭锁功能和断路器同期合闸功能。远动装置主要功能是接收测控装置（保护装置）数据，并将接收到的信息与信息表关联后转发调控主站，同时接收遥控命令并下发到测控装置，实现厂站测控装置、保护及其他智能电子装置与主站系统的信息交互。后台监控主要是接收测控装置、保护装置数据，厂站主接线及运行状态显示，事件告警以及站内操作及防误、VQC 控制、保护管理等。

（1）遥测数据流分析（见图 9-3）。厂站 TA、TV 或者传感器、变送器将采集到的量测值引入到测控装置，测控装置经过处理后，通过网络采用广播方式或者 104 等规约直接发送到主机、人机工作站、远动主机等站控层设备中。远动主机接收到遥测数据后，实时更新本机的实时数据库，按照各主站的转发信息表和通信规约组装通信报文，将遥测数据发送到相应主站。

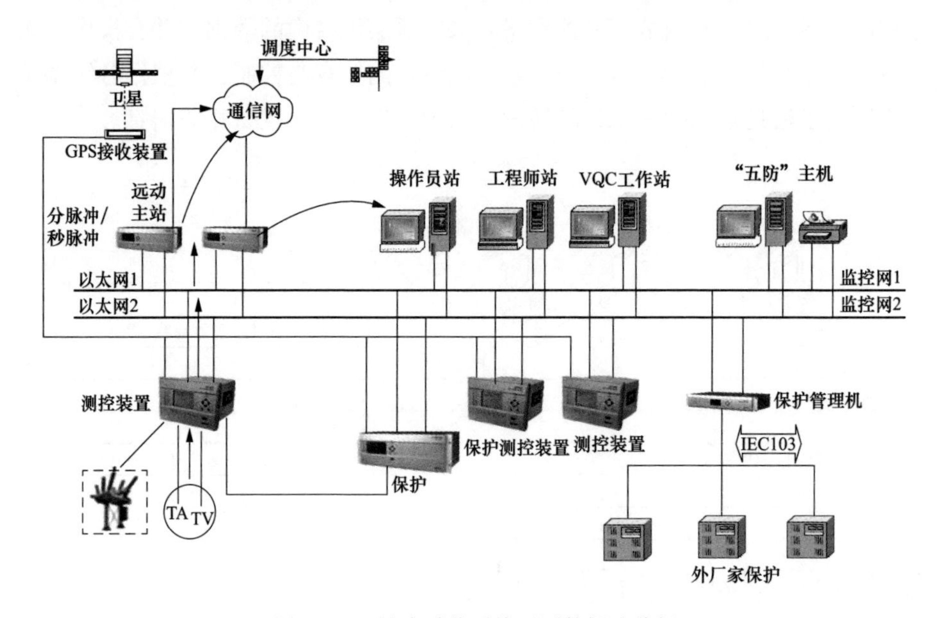

图 9-3 厂站自动化系统遥测数据流分析

（2）遥信数据流分析（见图 9-4）。遥信数据即状态量，分为硬接点信号和软接点信号。硬接点信号包括断路器、隔离开关位置的辅助接点信号、继电保护装置的跳闸信号及其他非电气量接点信号等，通过各间隔测控装置开入量接入。软接点信号主要有通过通信方式获取的被监控设备运行状况的各种 IED 的事件信息和自检信息，以及自动化系统嵌入应用功能模块产生的运行信息，通常有 AQC 动作信息、CVT 报警信息和五防闭锁提示信息等。这些通过网络直接发送到主机、人机工作站、远动主机等站控层设备中。远动主机接收到遥信数据后，实时更新本机的实时数据库，按照各主站的转发信息表和通信规约组装通信报文，将遥信数据发送到相应主站。

（3）遥控数据流分析（见图 9-5）。实施遥控操作主要经过三个步骤：命令预置、命令校核、命令执行。遥控实现过程是：主站向厂站端发出与遥控对象以及遥控性质相关的预置命令，通过通信网生成对应的厂站 IP 地址及遥控号，远动装置接收到相关信号后根据远动遥控表生成相对应的测控装置地址对象号，并依照相关的安全规定，经厂站端操作员站与“五防”主机实现基础校正

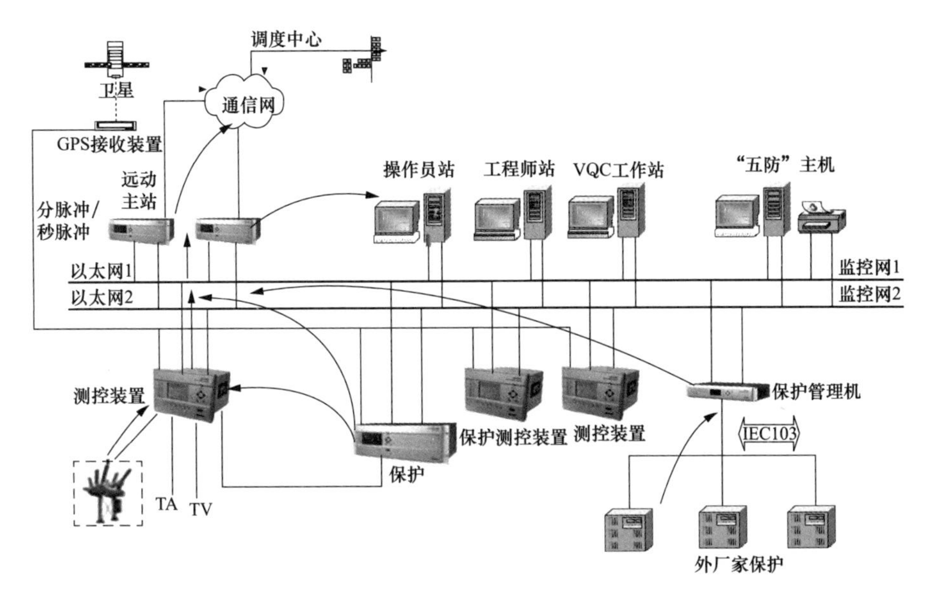

图 9-4　厂站自动化系统遥信数据流分析

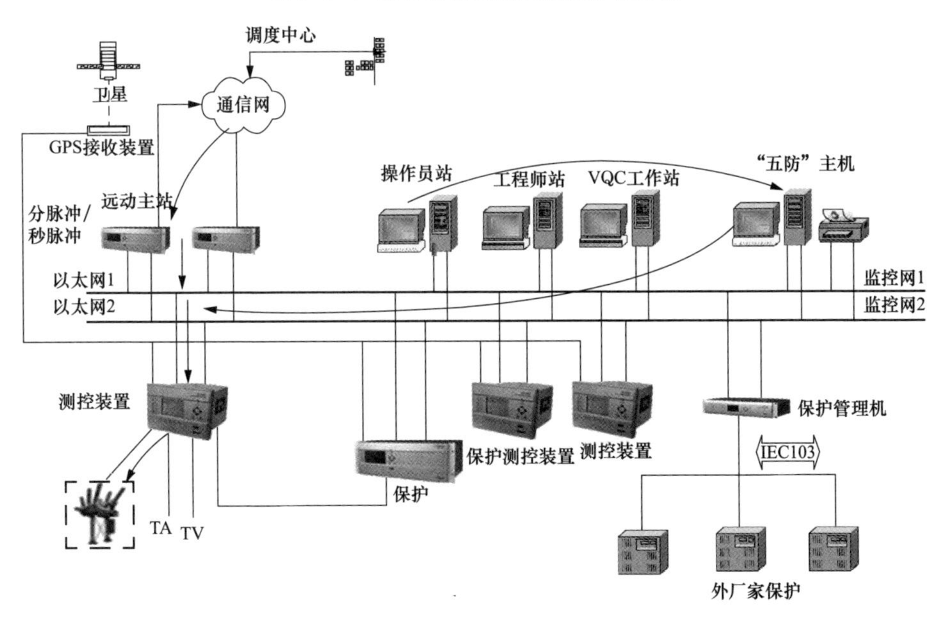

图 9-5　厂站自动化系统遥控数据流分析

和核查，并核查该间隔测控装置的工作，一一映射正确后显示"预置成功"；其后再将校核后所确定的结果反馈到主站端。主站端接收到校核信号后，与下发的预置命令比较，在校核无误的条件下显示"返校成功"，即可进入下一遥控执行程序。此时调控人员向厂站端发送遥控执行命令，厂站端遥控对象的间隔测控装置向操作对象二次回路发出执行命令，遥控执行后，厂站自动化系统发送开关变位信息，主站端在规定时间接收到该遥控对象的变位信号后，则显示遥控成功，否则显示遥控失败。

9.2.3 厂站自动化系统异常分析与处理

9.2.3.1 单间隔遥测、遥信数据不刷新

（1）现象。监视后台显示该间隔遥测、遥信数据不刷新或无效，间隔测控装置故障、通信中断光字动作。

（2）原因。测控装置失电；测控装置死机；测控装置通信故障。

（3）影响。该间隔失去监控功能。

（4）调控处置。通知运维单位现场检查，汇报相关调度，并将该间隔监控职权下放运维单位。

9.2.3.2 全厂站遥测、遥信数据不刷新

（1）现象。监视后台显示全站遥测、遥信数据不刷新或无效，并有厂站前置机退出告警。

（2）原因。远动装置失电；远动装置死机；前置机死机。

（3）影响。该厂站失去监控功能。

（4）调控处置。监控员通知运维单位现场检查，汇报相关调度，通知自动化运维人员，并将该站监控职权下放运维单位，并做好事故预想。

9.2.3.3 单设备遥信异常

（1）现象。监视后台显示该设备遥信位置与实际运行状态不对应或者无效。

（2）原因。遥信点号不对应；一次设备辅助接点不好或者相关回路接线松动。

（3）影响。该设备运行状态失去监控功能。

（4）调控处置。通知运维单位现场检查，加强运行监控。

9.2.3.4 遥控操作预置失败

（1）现象。遥控操作预置失败。

（2）原因。

1）远动装置不能同时处理2个遥控命令（大部分厂家产品），当一个调度方向正在进行遥控操作（或AVC系统遥控信号），另一个调度方向下发的遥

控命令将被丢弃，造成遥控成功率低。

2）两台远动装置遥控参数配置不一致，造成当遥控命令下发到参数配置有误的远动装置时，遥控命令不能正确执行。

3）101、104规约召唤全数据期间不响应遥控命令，在此期间下发遥控命令将丢弃。

4）测控装置本身工作不稳定，或环境温度高引起自动复位重启动，重启动期间不响应遥控命令。

5）远动机或者前置机死机。

（3）影响。该设备无法遥控操作。

（4）调控处置。

1）监控员多预置几次，若仍不通过，汇报相关调度，通知运维单位现场检查，加强运行监控，采取相应的措施。

2）调度员收回遥控操作指令，安排现场人员操作或重新安排电网运行方式。

9.2.3.5 遥控操作返校失败

（1）现象。遥控操作预置成功，返校失败。

（2）原因。

1）大量抖动误发遥信，导致遥控返校不成功。

2）测控装置本身工作不稳定，或环境温度高引起自动复位重启动，重启动期间不响应遥控命令。

3）多台前置机频繁切换值班口，导致主站与厂站通信频繁初始化，初始化召唤全数据期间中断遥控命令。

（3）影响。该设备无法遥控操作。

（4）调控处置。

1）监控员多试几次，若仍返校失败，汇报相关调度，通知运维单位现场检查，加强运行监控，采取相应的措施。

2）调度员收回遥控操作指令，安排现场人员操作或重新安排电网运行方式。

9.2.3.6 遥控操作返校成功执行失败

（1）现象。遥控操作返校成功而执行失败。

（2）原因。

1）防误闭锁条件不满足引起遥控失败，因存在误操作、遥控闭锁逻辑错误等原因引起遥控操作失败。

2）测控装置同期或无压操作条件不满足引起遥控失败。

3）测控装置（智能终端）远方/就地状态不正确、遥控出口压板退出、检修压板投入等情况均会造成遥控失败。

4）开关控制电源消失、控制回路断线、开关操作机构压力低闭锁、弹簧未储能等因素造成遥控失败。

（3）影响。该设备无法遥控操作。

（4）调控处置。

1）监控员多试几次，若仍执行失败，汇报相关调度，通知运维单位现场检查，加强运行监控，采取相应的措施。

2）调度员收回遥控操作指令，安排现场人员操作或重新安排电网运行方式。

9.2.3.7　主变压器挡位遥调故障

（1）现象。主变压器挡位调节失败。

（2）原因。

1）主变压器挡位无位置信号，造成遥调程序无法执行。

2）主变压器有载调压转换开关处于“就地”位置。

3）变电站参数定义错误。

4）主变压器保护屏中的遥调压板接触不良或者没有投入。

（3）影响。变电站母线电压不满足相关要求。

（4）调控处置。

1）监控员多试几次，若仍遥调失败，通知运维单位现场检查，加强运行监控，如若无调节手段，汇报相关调度。

2）调度员如若变电站母线电压仍无法控制在规定范围，合理安排电网运行方式。

9.3　远动通信系统

远动通信系统是电力系统调度自动化和配电网自动化系统的重要组成部分。借助于远动通信系统，发电厂和变电站的实时运行数据被传送至电力调度控制中心。根据对实时系统运行状态的监控与离线系统分析，电力调度控制中心形成遥控、遥调命令，并能准确地通过运动通信系统传送到总舵的远方终端，实现对开关设备的远方控制、对控制装置的远方调整和定值设置，从而使电力系统的运行状态得以调整，不正常状态或故障状态得以及时处理，保证电力系统能够安全、经济运行。

9.3.1 远动通信系统的基本构成

远动通信系统由数据终端、调制解调器、通信线路、通信处理机和主计算机组成，如图 9-6 所示。

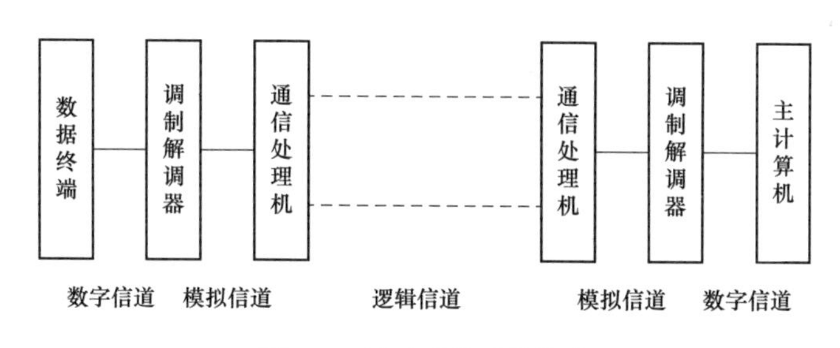

图 9-6　远动通信系统构成

（1）数据终端。电力系统被监控设备与数据通信网络之间的接口，能够将电气模拟信号或者状态量转换为二进制信息向远动通信网络送出，也能够从远动通信网络中接受控制调节指令（或经转换）向受控对象发出。

（2）调制解调器。较远距离的通信往往采用模拟通道。调制解调器的作用是将二进制数据序列调制成模拟信号或把模拟信号解调成二进制数字信号，是计算机与模拟通道间的连续桥梁。对近距离的通信，可直接采用数字式通信。

（3）通信线路。通信线路可以是采用公用通信线路或者专用通信线路，可以直接连接，也可以是经过通信处理机网络连接。

（4）通信处理机。通信处理机承担通信控制任务，完成计算机数据处理速度与通信线路传输速度间的匹配缓冲，对传输信道产生的误码或者故障进行检测控制，对网络中数据流向与密度根据要求进行路由选择和逻辑信道的建立与拆除。

（5）主计算机。集中数据终端采集到的电力系统运行数据，进行判别、分析与控制。

远动通信系统分为模拟通信和数字通信。由于数字通信抗干扰能力强，易于进行信号处理等优点，是目前采取的主要通信方式。数字通信的一个主要缺点是占用的信道频带较宽。

9.3.2 通信方式

厂站自动化系统与主站端通信一般采用以下方式：

(1) 模拟通信方式。远动装置发送的串行数据信息通过调制解调器将数字信号调制成模拟信号。目前比较通用的调制方式为键控调频，将远方的“1”“0”信号分别解调成特定频率的音频信号，然后再将该信号接入通信设备，通信系统将远动信号传送到主站端，主站再将信号解调回数字信号，主站前置机通过串口接受和处理数据。该通信方式传输速率低、可靠性差。

(2) 数字通信方式。光端机等现代通信设备采用数字通信方式，具备数字通信接口。远动装置发送的串行数据信息直接接入通信设备，通信系统将该信号传送到主站端，主站通信设备输出直接接入前置机串口，实现数据接收和处理。该通信方式传输速率较模拟通信方式有所提高、可靠性一般。

(3) 网络通信方式。随着计算机网络技术的发展，主站端自动化系统与厂站端自动化系统间利用各种网络设备建立电力数据网，实现网络连接。

远动装置远方网络接口接入数据网络设备，再采用 2M、百兆等方式接入光端机等通信系统；主站端网络系统同样通过数据网络设备接入通信系统，通信系统将各主站和厂站的网络联通，实现主厂站的网络互连。

远动装置采用 IEC 60870-5-104 等网络通信规约通过电力数据网络与主站进行数据通信。该通信方式传输速率高、可靠性好，且已成为主厂站间主流传输方式。

9.3.3 二次系统安全防护要求与电力数据网络接入

为确保电力控制系统的安全，国家电网公司出台了一系列文件和规范，将二次系统分为实时控制系统（安全Ⅰ区）、非实时控制（安全Ⅱ区）；将管理系统分为调度生产管理系统（安全Ⅲ区）和管理信息系统（安全Ⅳ区）。其中实时监控系统属于安全Ⅰ区，电能量采集系统和继电保护故障信息管理系统属于安全Ⅱ区。要求安全Ⅰ区和安全Ⅱ区在网络上实现隔离，它们之间的数据交换要通过防火墙才能互联；二次系统（安全Ⅰ区、Ⅱ区）与管理系统（安全Ⅲ区、Ⅳ区）之间必须通过专用的物理隔离设备才能连接。纵向应采用 IP 加密认证装置或访问控制列表等网络安全设施。

电力数据网的接入示意如图 9-7 所示。厂站自动化监控系统作为实时控制系统部署在安全Ⅰ区，通过2台远动装置接入厂站端广域网络设备的安全Ⅰ区位置。继电保护故障信息系统和电能量采集系统属于非实时控制系统，部署安全Ⅱ区，通过网络接入站端广域网络设备的安全Ⅱ区位置。

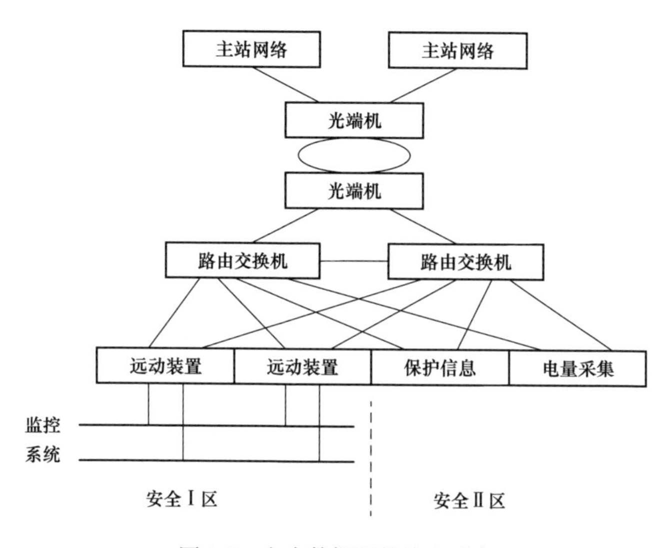

图9-7 电力数据网的接入示意

9.3.4 远动通信系统异常与处理

9.3.4.1 全厂站遥测、遥信不刷新

(1) 现象。监视后台显示全所遥测、遥信数据不刷新或无效。

(2) 原因。远动通道故障。

(3) 影响。该厂站失去监控功能。

(4) 调控处置。监控员通知运维单位，汇报相关调度，通知自动化运维人员，并将该所监控职权下放运维单位。

9.3.4.2 遥控操作返校超时

(1) 现象。遥控操作显示返校超时。

(2) 原因。通道误码率高；通信通道异常。

(3) 影响。无法遥控操作。

(4) 调控处置。

1) 监控员切换一个通道后再次执行，如若不成功，通知运维单位和自动化专业人员，汇报相关调度。

2）调度员收回遥控操作指令，安排现场人员操作或重新安排电网运行方式。

9.4 调度自动化主站系统

调度自动化主站系统也称控制中心调度自动化系统，是以计算机为中心的分布式、大规模的软、硬件系统，是调度自动化系统的神经中枢。其核心是软件系统，按应用层次可以划分为操作系统、应用支持平台和应用软件。

应用软件是在支持平台基础上实现的应用功能的程序，主要包括数据采集和监控系统（SCADA）、能量管理系统（EMS）的应用功能模块和调度员培训仿真系统（DTS）。SCADA 主要实现对电力系统的实时运行状态数据的采集、存储和显示，以及下达、执行调度员对远方现场的控制命令，它是调度中心的“眼”和“手”。EMS 在通过 SCADA 采集的电网实时状态的基础上，对电力系统进行经济、安全的评估，并给出调度决策建议，提高调度水平，降低调度员工作强度，起到分析决策的“大脑”的作用。DTS 是对电网调度员进行培训、考核以及防事故演习的数字仿真系统。

图 9-8 所示为一个典型的 SCADA、EMS、DTS 一体化的分布式调度自动化主站系统配置。SCADA、EMS 和 DTS 共享一套数据库管理系统、人机交互系统和分布式支撑环境。三者可以集成在同一个节点上，也可以分散驻留于不同节点，配置灵活，每个单独的系统都可独立运行。

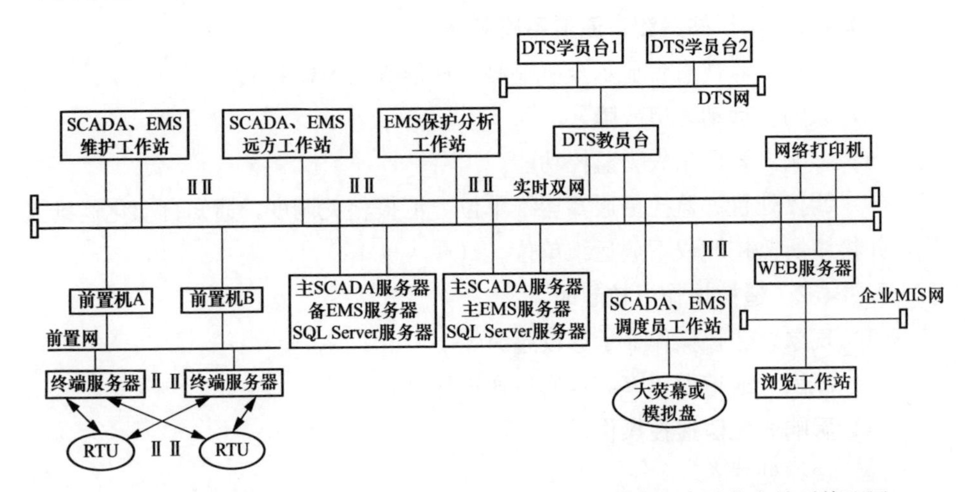

图 9-8 典型的 SCADA、EMS、DTS 一体化的分布式调度自动化主站系统配置

从图 9-8 中可看出，系统由 3 个网组成：前置网、实时双网和 DTS 网。

两台互为热备用的前置机挂在前置网上，与多台终端服务器共同构成前置数据采集系统，负责与远方 RTU 通信，进行规约转换，并直接挂接在实时双网上，与后台系统进行通信。

实时双网组成后台系统，它负责与前置数据采集系统通信，完成 SCADA 的后台应用和 EMS 分析决策功能。应用服务器采用主备方式，为体现功能分散，可以将一台应用服务器设为主 SCADA 服务器/备 EMS 服务器，另外一台设为主 EMS 服务器/备 SCADA 服务器。根据职责和功能的不同，实时双网上可以配置系统维护工作站、调度员工作站、运行方式分析工作站和继电保护分析工作站等，各类工作站的数目可依据实际需要进行配置。数据库服务器节点由一主一备的组成结构，主数据库服务器定期向备份数据库服务器复制数据，以提高系统数据的安全性和可靠性。

DTS 网是调度员培训系统的内部网，它通过 DTS 的教员台与实时双网相连。其中 DTS 的教员台在这里同时起一网桥的作用，DTS 网可直接取用实时双网上的实时数据进行培训。DTS 网与实时双网上的数据互不干扰，减轻了网络的数据流。另外在实时双网上配置了一个 WEB 服务器，企业 MIS 网上的用户通过它可以实现对实时双网上的数据和画面的浏览。

在系统中，一般 SCADA 和 EMS 是共存于同一主机的，这样用户可不必面对过多的显示器，同时也减少了硬件配置。当然 EMS 也可独立运行，此时系统要求启动 SCADA 的实时数据库和实时数据接收等后台功能。由图 9-8 可见，系统中的 SCADA 和 EMS 的服务器是共享的，并且互为热备用。这种配置既可减少投资又不降低系统可靠性。

该系统结构具有以下特点：

(1) 主网结构采用双 LAN，提高了网络通信的可靠性。

(2) 按功能和信息流向分组、分层，将前置机系统和 SCADA、EMS 后台应用以及 DTS 应用各自分别连接至一独立 LAN 上，连接隔离可减少网上报文“碰撞”机会，提高了主网络系统的传输效率。

(3) 通过第三网络接口板连接至企业 MIS，实现与外部系统的开放数据访问。

(4) 关键节点均采用主—备结构的双机热备份冗余配置，当其中一节点故障时，另一节点升级为主服务器。如 SCADA 服务器、数据库服务器均采用分布式主—备结构的冗余配置。

(5) DTS 状态时，EMS 和 SCADA 人机工作站作为学员端可从电力系统模型（power system model，PSM）取得仿真电力系统模型数据，PSM 通过 DTSLAN 以广播方式向 EMS、SCADA 工作站学员端提供数据，这样将通信流量较大的 PSM 广播负荷从主网（双 LAN）中隔离开来，大大减小了主网上网络通信的数据流量，提高了网络效率。PSM 可方便地取得实时数据，且各人机工作站（EMS、SCADA）可灵活地根据数据源的不同（电力系统实时数据和 PSM 数据）在 EMS 态和 DTS 态进行切换，这样可以实现在同一节点上同时运行 SCADA、EMS 和 DTS 三大应用功能的目的。

第10章

交直流系统

10.1 概　　述

10.1.1 站用交流系统

变电站交流系统又称站用电系统，是保证变电站安全、可靠地输送电能的一个必不可少的环节。站用交流电源系统的主要作用有：

（1）为主变压器提供冷却电源、消防水喷淋电源；

（2）为断路器提供储能电源；

（3）为隔离开关提供操作电源；

（4）为硅整流装置提供变换用电源；

（5）提供变电站内的照明、生活用电和检修电源。

如果站用交流电源消失，那么，变电站设备的正常运行将会受到影响，甚至引起系统停电或设备损坏事故。

10.1.2 站用直流系统

变电站内的直流系统是一个独立的操作电源，为变电站内的控制系统、继电保护、信号装置、自动装置提供电源；即使是站用变压器全部失压后，它仍能为断路器合闸及二次回路中的仪表、继电保护和事故照明等提供直流电源，为二次系统的正常运行提供动力。

变电站直流系统一般由蓄电池、充电装置、直流回路和直流负载四个部分组成，四者之间相辅相成，组成一个不可分割的有机体。

（1）蓄电池。蓄电池是一种化学电源，它能把电能转化为化学能并存储起来。使用时，再把化学能转化为电能供给用电设备，变换的过程是可逆的。电源将反向电流通入蓄电池使之存储电能的做法，叫作充电；蓄电池提供电流给外电路使用，叫作放电。

（2）充电装置。目前变电站内广泛使用的充电装置有两种，即相控充电电源和高频开关电源。

10.1.3 直流回路

变电站的直流回路是由直流母线引出，供给各直流负荷的中间环节，它是一个庞大的多分支闭环网络。直流网络可以根据负荷的类型和供电的路径，分为若干独立的分支供电网络，例如控制、保护、信号供电网络，断路器合闸线圈供电网络以及事故照明供电网络。为了防止某一网络出线故障时影响一大片负荷的供电，也为了便于检修和故障排除，不同用途的负荷由单独网络供电。

对于重要负荷的供电，在一段直流母线或电源故障时应不间断供电，保证供电的可靠性宜采用辐射形供电方式或者环形供电方式。

对于不重要负荷一般采用单回路供电。

各分支网络由直流母线经直流空气开关（新建220kV及以上变电站）或经隔离开关和熔断器引出。

10.1.4 直流负荷

直流负荷按照功能可以分为控制负荷和动力负荷两大类。

直流负荷按性质可以分为经常性负荷、事故负荷和冲击负荷。

10.2 交流系统异常处置

10.2.1 站用交流系统电压异常

（1）现象。交流电压越限告警。

（2）调控处置。联系运维人员去现场检查，并进行缺陷上报。

10.2.2 站用变压器故障

（1）现象。变电站全站失电，各电压等级母线电压为0或部分母线电压为0；各电压等级线路电流、有无功指示均为0或部分线路电流、有无功指示为0。

（2）调控处置。当所用电突然失去电源时，不论是站用变压器故障，还是其他原因，均应优先恢复下列回路供电：

1）主变压器冷却器电源。

2）直流系统充电装置电源。

3）自动化监控逆变电源。

4）220、110、35kV 开关储能电源。

5）开关机构箱加热器电源。

6）通信电源。

7）晚上照明电源。

10.3 直流系统异常处置

10.3.1 直流接地

（1）现象。监视后方发出“直流系统绝缘不良”“直流系统接地光字牌动作”等信号。

（2）原因。

1）由下雨天气引起的接地。

2）由小动物破坏引起的接地。

3）由挤压磨损引起的接地。

4）接线松动脱落引起接地。

5）误接线引起接地。

（3）影响。直流系统是绝缘系统，正常时，正、负极对地绝缘电阻相等，正、负极对地电压平衡。发生一点接地时，正、负极对地电压发生变化，接地极对地电压降低，非接地极电压升高，在接地发生和恢复的瞬间，经远距离、长电缆启动中间继电器跳闸的回路可能因其较大的分布电容造成中间继电器误动跳闸，除此之外，对全站保护、监控、通信装置的运行并没有影响。但是，存在一点接地的直流系统，供电可靠性大大降低，因为如若在接地点未消除时再发生第二点接地，极易引起直流短路和开关误动、拒动，所以直流一点接地时，设备虽可以继续运行，但接地点必须尽快查到，并立即消除或隔离。

（4）调控处置。许可运维人员进行接地试拉，发现接地点后及时上报缺陷。

10.3.2 蓄电池故障

（1）现象。监视后方发出“直流电压越限告警”信号。

（2）原因及影响。

1）蓄电池失水故障。

蓄电池失水原因：

a. 充电产生的气体不满足气体复合效率大于95%的要求。其原因是充电后期或浮充电期间电解水将产生部分气体，其量虽小，但累计起来就十分可观。

b. 浮充电压选得不恰当。通常由于浮充电压偏高或温度升高没有及时降低浮充电，将造成浮充电流增大，电解水速度增快。

c. 蓄电池密封不好或单向阀太松。蓄电池壳体本身具有透气性，蓄电池槽盖及极柱和盖之间没有完全密封，如安全阀频繁开启，就会逸出气体，带走部分电解液。

蓄电池失水的危害：阀控密封式铅酸蓄电池是在“贫液”状态下工作的，其电解液完全储存在电极和多孔性的隔板中。一旦蓄电池失水，其放电容量就要下降，严重时会导致蓄电池失效，无法正常工作。

2）蓄电池漏液故障。

蓄电池漏液的原因：蓄电池外壳破损。

漏液的危害：电解液损失→密封破坏→反应效率降低→容量不足。更危险的是酸液会腐蚀机柜、机架，若形成导电回路则将导致火灾等事故。

3）蓄电池热失控故障。

蓄电池热失控的原因：工作环境温度过高，通风效果差。

蓄电池热失控的危害：若阀控铅酸蓄电池工作环境温度过高，或充电设备电压失控，将导致蓄电池充电量增加过快，蓄电池内部温度随之增加，蓄电池散热不佳，产生过热，内阻下降，从而使充电电流进一步升高，内阻进一步降低，如此反复，直至蓄电池壳体严重损毁。

（3）调控处置。

1）应排除由于直流蓄电池正常充放电引起电压异常情况。

2）若非正常充放电引起，应检查蓄电池工作环境温度是否在正常工作范围。

3）若排除上述情况，应要求运维人员检查蓄电池有无破损泄露。

4）如果没有上述情况，应要求运行人员对单组蓄电池进行测量，并根据反馈情况上报缺陷。

第 11 章

电网故障处理

11.1 概　　述

电网异常包括电网中的输变电设备异常及电网的主要电气量异常。在前面的章节中，已经对单一输变电设备异常和故障处理进行了讲解，电网电气量主要包括频率、电压、功率等，本章主要涉及电网电气量异常处理，以及系统振荡、黑启动、厂站全停等事故处理为主。

电力系统事故是指由于电力系统设备故障、稳定破坏、人员失误等原因导致正常运行的电网遭到破坏，从而影响电能供应数量或质量超过规定范围，甚至毁坏设备、造成人身伤亡事故。

电力系统发生异常和事故原因是多方面的。既有雷电、风暴、冰雪、洪水以及地震等自然因素，也有电力系统本身原因，包括网架薄弱，发、输、配、用电设备存在缺陷，方式安排不合理，继电保护配置不当，以及人员误操作等。一般说来，往往就是因为多种不利因素碰到一起，才造成电力系统中比较严重的事故。

电力系统事故防范涉及各个部门，只有全系统齐心协力，才能扼杀事故的源头。首先，要有合理的电网结构，加强电网建设，不断提高电网自动化水平，做好电网设备维护、检修工作，保证设备处于良好工作状态，为电网安全稳定运行提供物质保障。其次，要合理安排运行方式，使系统处于安全稳定，运行人员要严格执行有关规程，及时消除运行中不安全因素，并针对薄弱环节做好事故预案。事故发生时，调度员要临危不乱，从容镇定，正确对事故进行判断和处理。要做到这些，就要求调度员提高自身素质，既有扎实的理论基础，也要在工作中不断丰富实际经验。

11.2 事故处理原则

值班调度员为电网事故处理的指挥者，对事故处理的迅速、正确性负责，在处理事故时应做到以下几点：

（1）尽快限制事故的发展，消除事故根源，解除对人身和设备的威胁，防止稳定破坏、电网瓦解和大面积停电。

（2）用一切可能的方法保持设备继续运行和不中断或少中断重要用户的正常供电，首先应保证发电厂厂用电及变电站所用电。

（3）尽快对已停电的用户恢复供电，对重要用户应优先恢复供电。

（4）及时调整电网运行方式，并使其恢复正常运行。

在处理事故时，各级调度机构值班人员和现场运维人员应服从地调值班调度员的指挥，迅速正确地执行地调值班调度员的调度指令。凡涉及对电网运行有重大影响的操作，如改变电网电气接线方式等，均应得到地调值班调度员的指令或许可。

在设备发生故障、系统出现异常等紧急情况下，各级调度机构值班监控员和现场运维人员应根据地调值班调度员的指令遥控拉合开关，完成故障隔离和系统紧急控制。在台风等可预见性自然灾害来临之前，地调可视灾害严重程度决定将受影响的受控站监控职责移交相应变电运维站（班）；受影响的无人值班变电站应提前恢复有人值班；在变电站恢复有人值班模式期间，与地调联系的现场运维人员应具备接受地调指令的相关资格；双方在联系过程中，仍应坚持使用"三重命名"的发令形式，并严格遵守发令、复诵、录音、监护、记录等制度及相关安全规程要求。

为了防止事故扩大，凡符合下列情况的操作，可由现场自行处理并迅速向值班调度员作简要报告，事后再作详细汇报。

（1）将直接对人员生命安全有威胁的设备停电。

（2）在确知无来电可能的情况下将已损坏的设备隔离。

（3）运行中设备受损伤已对电网安全构成威胁时，根据现场事故处理规程的规定将其停用或隔离。

（4）发电厂厂用电全部或部分停电时，恢复其电源。

（5）整个发电厂或部分机组因故与电网解列，在具备同期并列条件时与电网同期并列。

11.3 事故处理一般规定

（1）电网发生事故时，事故单位应立即清楚、准确地向值班调度员报告事故发生的时间、现象、跳闸开关、运行线路潮流的异常变化、继电保护及安全自动装置动作、人员和设备的损伤以及频率、电压的变化等事故有关情况。对于无人值班变电站，应由负责监控的调度机构或者变电运维站（班）向地调值班调度员报告事故发生的时间、跳闸开关、保护动作信息、设备状态及潮流、频率、电压等的变化情况，并迅速联系人员尽快赶往现场检查。具有视频监控系统和保护信息管理系统子站的，应立即着手设备远程巡视和保护动作分析。运维人员到达现场后，应立即向地调报告，明确现场检查工作方向和重点要求。

（2）对于无人值班变电站站内设备故障（如母线差动、主变压器差动和重瓦斯等保护动作），在运维人员到达现场并汇报检查结果之前，值班调度员不得对站内设备进行强行恢复处理。

（3）线路跳闸停电后，两侧若均为无人值班变电站，值班调度员除了向变电运维站（班）了解故障情况，一般应等运维人员赶到现场后再进行处理。对于重要负荷线路跳闸停电后，若相关无人值班变电站具备遥控操作功能，经对开关跳闸、保护动作等情况分析后，认为是线路故障，并且通过变电运维站（班）检查确认线路开关无异常（SF_6 开关、跳闸次数远未达到限定次数、无压力低等任何异常告警等），可以对线路进行试送操作。

（4）非事故单位，不得在事故当时向值班调度员询问事故情况，以免影响事故处理。应密切监视潮流、电压的变化和设备运行情况，防止事故扩展。如发生紧急情况，立即报告地调值班调度员。

（5）事故处理时，严格执行发令、复诵、汇报和录音制度，使用统一调度术语和操作术语，指令和汇报内容应简明扼要。

（6）为迅速处理事故和防止事故扩大，地调值班调度员可越级发布调度指令，但事后应尽快通知省调或有关县配调值班调度员。

（7）电网事故处理完毕后，值班调度员根据相关事故调查规程的要求，填好事故报告，认真分析并制定相应的反事故措施。

11.4 电网频率异常处理

电网的频率是指交流电每秒钟变化的次数，在稳态条件下各发电机同步运行，整个电网频率相等。我国电网频率额定值是 50Hz。当电力系统中总的有功出力与总的有功负荷出现差值时就会产生频率异常。

11.4.1 频率异常定义

装机容量在 3000MW 及以上电网，频率偏差超出（50±0.2）Hz 或装机容量在 3000MW 一下电网，频率偏差超出（50±0.5）Hz，即可视为电网频率异常。电网频率超出（50±0.2）Hz 为事故频率。事故频率允许的持续时间为：超过（50±0.2）Hz，总持续时间不得超过 30min；超过（50±0.5）Hz，总持续时间不得超过 15min。对频率事故的处理，属电网事故处理性质，也应遵循电网事故处理的一般规定。

11.4.2 导致频率异常的因素

（1）电网事故造成频率异常。发生电网解列事故后，送电端电网由于发电出力高于有功负荷因此电网频率升高，而受端电网由于发电出力低于有功负荷电网频率降低。

（2）运行方式安排不当造成频率异常。由于负荷预测的偏差，导致电网发电出力安排不当也会导致频率异常。若最小日负荷预计不准确，在最小负荷发生时，将导致电网频率升高。若最大日负荷预计不准确，在最大负荷发电出力不足，将导致电网频率降低。

（3）电网中某些大的冲击负荷也会对电网频率产生影响，比如轧钢厂和电解厂冲击负荷。

11.4.3 频率异常的危害

（1）频率异常对发电设备的危害。频率过高或过低运行，受危害最大的是发电设备。主要危害有：引起汽轮机叶片断裂；使发电机出力降低；使发电机机端电压下降；使发电厂辅机出力受影响，从而威胁发电厂安全运行。

（2）频率异常对用电设备的危害。电网中对频率敏感的用电设备主要有同步电动机负荷、异步电动机负荷。根据电动机驱动设备不同，电动机输出的功率和频率的一次方或高次方成正比。因此当系统频率发生改变时，这些设备的输出功率也会产生相应的变化。当频率变化过大时，对于输出功率要求比较严格的用电设备会产生不良影响。

（3）频率异常对电网运行的影响。当电网频率异常时会引起发电机高频保护、低频保护动作导致机组解列（包括风电），或者低频减负荷装置动作切除负荷。电网中线路损耗、变压器的涡流损耗与频率的平方成正比，因此频率升高会导致电网损耗增加。

11.4.4 频率异常处理原则

（1）系统频率过高：

1）调度员下令部分机组停机，尤其是非弃水运行的水电机组。

2）对于火电机组，降低机组出力，直至停机备用。

3）命令抽水蓄能机组泵工况运行。

（2）系统频率过低：

1）使运行中的发电机组增加出力，投入系统中备用容量。

2）调度员按照事故限电序位表，下令拉开负荷线路开关或负荷变压器开关。

3）手动切除低频减负荷装置动作后未自动切除的负荷。

4）对于发电厂，系统频率低至危及厂用电的安全时，可按保厂用电措施，部分发电机与系统解列，供厂用电和部分重要负荷，以免引起频率崩溃。

5）利用联网系统的事故支援。

11.4.5 频率异常调控处理

当电网频率低于49.8Hz时，各级调度和有关运维人员应根据省调指令按下述原则进行处理：

（1）当电网备用出力不足或无备用出力时，地调值班调度员应按照省调下达的拉、限电数额，并根据电网的负荷趋势，对县配调值班调度员下达限负荷或按“超电网供电能力限电序位表”下达其中一轮或同时几轮的综合拉限电指令。县配调接到指令后应在15min以内完成下达指标并汇报地调。地调值班调度员在下达限电、拉电指令时，应遵循“谁超拉谁”的原则。当电网频率已经低至49.8Hz且有继续下降的趋势时，相关调度机构、发电厂、变电运维站（班）值班人员应严格执行上级调度拉电指令，使频率低于49.8Hz的时间不超过30min。

（2）当电网频率在49.0Hz以下，地县调度机构、发电厂、变电运维站（班）值班人员应严格执行省调按“事故限电序位表”发布的拉路指令，确保在15min内使频率上升至49.0Hz以上。

（3）当电网频率在48.5Hz以下时，有“事故限电序位表”的发电厂值班人员应立即按照“事故限电序位表”自行进行拉路，变电运维站（班）运维人员和各级调度机构值班监控员在接到上级调度值班调度员的拉路指令后，应立即进行拉路，使频率迅速回升至 49.0Hz 以上。

(4) 当电网频率在 47.0Hz 以下时，各级值班调度员可不受"事故限电序位表"的限制，直接下令拉开负荷较大的线路、主变压器，直至整个变电站。应在 15min 内使频率回升至 49.0Hz 以上。

(5) 当电网频率下降到危及发电厂厂用电安全运行时，各发电厂可按照现场规程规定将厂用电（全部或部分）与电网解列。地调直调各发电厂厂用电解列的规定和实施细则，事先须书面递交市公司调度机构，经市公司批准后执行。

(6) 地调发布的拉电指令，任何单位或个人不得少拉或不拉，不得倒换电源（配置有备用电源自投装置的线路，在执行拉路指令时事先停用）。对特殊需要保证供电的用户，应及时向地调汇报，在征得值班调度员许可后方可变更。

(7) 在电网低频率运行时，各发电厂、变电运维站（班）及现场运维人员应检查低频减负荷装置动作情况，如到规定频率应动而未动者（含发电厂低周解列装置），应立即手动拉开该开关。

11.5　电网电压异常处理

11.5.1　电压异常的定义

一般把电网中重要的电压支撑点称为电网电压中枢点，监视和控制电压中枢点的电压偏移不超过规定范围是电压调整的关键。

电压监视控制点电压偏差超过电力调度规定的电压曲线±5%，且持续时间 2h 以上，或偏差超过±10%，且持续时间超过 1h 以上，定为一般电网事故。

11.5.2　电压异常的原因及危害

(1) 系统电压过低的危害。系统电压偏低是由于无功电源不足或无功功率分布不合理。发电机、调相机非正常停运及并联电容器等无功补偿设备投入不足是无功电源不足的主要原因，变压器分接头调整和串联电容器投退不当则会造成无功功率分布不合理。

低电压可造成电炉、照明等设备达不到额定功率，甚至无法正常工作。对于电动机负荷，低电压会使电流增大，电机发热严重。线路和变压器的功率传输能力降低，使输变电设备的容量不能充分利用，低电压输电时输送电流增大造成不必要的网损。如果电压严重降低，可能导致电压奔溃，使系统稳定性遭到破坏。

（2）系统电压过高的危害。电网局部无功功率过剩是造成高电压的根本原因。负荷反送无功，空载、轻载架空线路和电缆线路发出无功都会导致电网无功功率过剩。发电机进相能力不足，电抗器和并联电容器未及时投退，变压器分接头调整不当，无法合理调整过剩的无功，局部电网电压就会升高。

造成设备高电压运行，使设备绝缘寿命缩短甚至绝缘破坏，增加变压器励磁损耗。

11.5.3 电压异常的处理原则

（1）电压过低处理。

1）迅速增加发电机无功出力，条件允许时可以降低有功出力。

2）投入无功补偿电容器，切除并联电抗器。

3）改变系统无功潮流分布。

4）必要时启动备用机组调压。

5）确认无调压能力使控制负荷拉闸限电。

（2）电压过高处理。

1）降低发电机无功出力，必要时进相运行。

2）切除并联电容器，投入并联电抗器。

3）控制低压电网无功电源上网。

4）改变运行方式。

11.5.4 电网电压异常调控处置

（1）事故后220kV厂站母线电压低于调度机构规定的电压曲线值20%，值班调度员应立即采取措施，在30min内使电压恢复到调度机构规定的电压曲线值的80%以上。事故后220kV变电站母线电压低于调度机构规定的电压曲线值10%，值班调度员应立即采取措施，在1h内使电压恢复到调度机构规定的电压曲线值的90%以上。

（2）事故后220kV厂站母线电压低于调度机构规定的电压曲线值5%以上、10%以下，值班调度员应立即采取措施，在2h内使电压恢复到调度机构规定的电压曲线值95%的以上。

（3）当发电机的运行电压降低时，有关发电厂的运行人员按规程应自行使用发电机的过负荷能力，制止电压继续降低到额定值的90%以下。

（4）当个别地区电压降低，使发电机过负荷时，有关发电厂的运行人员应向有关调度报告，并采取措施，消除发电机的过负荷。

（5）对于发电机过负荷的发电厂处于电网受端时，或电网低频率时，一般不能用降低有功增加无功的办法来提高电压和消除发电机的过负荷。此时应根据具体原因进行处理直至限制或切除受端部分负荷。

（6）为防止系统性电压崩溃，当枢纽变电站运行电压下降到省调确定的最低运行电压值以下时，各有关调度应立即采取措施直至拉路，使电压恢复到最低运行电压以上。现场运维人员也应一面按“事故限电序位表”进行拉路，一面报告有关调度，尽快使电压恢复到最低运行电压以上。

（7）当发电厂母线电压降低到威胁厂用电安全运行时，运行人员可按现场规程规定，将供厂用电机组（全部或部分）与电网解列。有关发电厂厂用电解列的规定，应书面报地调备案。

11.6 发电厂、变电站全停处理

11.6.1 发电厂、变电站全停定义

当发生电网事故造成发电厂、变电站失去和系统之间的全部电源联络线（同时发电厂运行机组跳闸），导致发电厂、变电站的全部母线停电，称为发电厂、变电站全停。

11.6.2 发电厂、变电站全停现象

发电厂、变电站全停的现象与母线停电现象基本相同，其原因一般有母线本身故障，母线上所接元件故障时保护或开关拒动；外部电源全停等，同时发电厂、变电站的厂用、所用电全停。

判断是否为发电厂、变电站全停，要根据系统潮流情况、现场仪表指示，保护和自动装置动作情况，开关信号及事故现象，切不可只凭厂用、站用电源

全停或照明消失误认为是发电厂、变电站全停。同时，应尽快查清是本站母线故障还是因外部原因造成的全停。

11.6.3　发电厂、变电站全停危害

大容量发电厂全停时使系统失去大量电源，可能导致系统频率事故及联络线过载情况。

变电站所用电全停会影响监控系统运行及断路器、隔离开关等设备的电动操作，同时发电厂失去厂用电会威胁机组轴系等相关设备安全，并会因辅机等相关设备停电对恢复机组运行造成困难。

枢纽变电站全停通常使系统失去多回重要联络线，极易引起系统稳定破坏及相关联络线过载等严重问题，进而引发大面积停电事故。

末端变电站全停可能造成负荷损失，中断向部分电力用户供电，如时间较长将产生较严重社会问题。

11.6.4　发电厂、变电站全停处理原则

具有多电源联系的发电厂、变电站全停时，运行人员应按规程规定立即将多电源间可能联系的开关拉开，若双母线母联开关没有断开，应首先拉开母联开关，防止突然来电造成非同期合闸。但每条母线上应保留一个主要电源线路开关。

当发电厂全停时，应设法恢复受影响的厂用电，有条件时，可利用本厂发电机对母线进行零起升压，成功后再设法与系统恢复同期并列。

11.6.5　发电厂、变电站全停调控处置

当发电厂母线电压消失时，无论当时情况如何，发电厂值班人员应立即拉开失压母线上全部电源开关，同时设法恢复受影响的厂用电。有条件时，利用本厂机组对空母线零起升压，成功后将发电厂（或机组）恢复与电网并列，如对停电母线进行试送，应尽可能利用外来电源。

当变电站母线电压消失时，经判断并非由于本变电站母线故障或线路故障开关拒动所造成，现场值班人员应立即向值班调度员汇报，并根据调度要求自行完成下列操作：

（1）单电源变电站，可不作任何操作，等待来电。

（2）多电源变电站，为迅速恢复送电并防止非同期合闸，应拉开母联开关

或母分开关并在每一组母线上保留一个电源开关，其他电源开关全部拉开（并列运行变压器中、低压侧应解列），等待来电（涉及黑启动路径的变电站按本地区当年的“黑启动厂站保留开关表”执行）。

（3）馈电线开关一般不拉开。

发电厂或变电站失电后，现场值班人员应根据开关失灵保护或出线、主变保护的动作情况检查是否系本厂、站开关或保护拒动，若查明系本厂、站开关或保护拒动，则将失电母线上的所有开关拉开，对于无法拉开的开关将其隔离，然后利用主变压器或母联开关恢复对母线充电。充电前至少应投入一套速动或限时速动的充电解列保护（或临时改定值）。

11.7 系统振荡处理

11.7.1 系统振荡定义

在正常运行中电力系统中，当发生短路、大容量发电机跳闸（失磁）、突然解除大负荷线路、系统负荷突变、电网结构及运行方式不合理等，以及无功不足引起电压奔溃、联络线调整及非同期并列操作等原因，使电力系统的稳定性遭破坏，各发电机之间失去同步，各发电机的电流、电压、功率等运行参数在某一数值来回剧烈摆动，使系统之间失去同步，称为振荡。

11.7.2 系统振荡危害

电网发生系统振荡时，电网内的发电机间不能维持正常运行，电网的电流、电压和功率将大幅度波动，严重时使电网解列，造成部分发电厂停电及大量负荷停电，从而造成巨大经济损失和严重的社会影响。

11.7.3 系统振荡与短路的区别

振荡时，系统各电压和电流值均作往复性摆动，而短路时，电流值、电压值时突变的。此外，振荡时，电流、电压值的变化速度较慢，而短路时，电流值、电压值突然变化量很大。

振荡时，系统三相时对称的；而短路时，系统可能出现三相不对称。

振荡时，系统任何一点电流与电压之间的相位角都随功角变化；而短路时，电流与电压之间的角度是基本不变的。

11.7.4 系统振荡的现象

（1）发电机、变压器及联络线的电流表、电压表、功率表周期性地剧烈摆动，发电机和变压器在表计摆动的同时发出有节奏的嗡嗡声。

（2）失去同期的发电厂与电网间的联络线的输送功率表、电流表将大幅度往复摆动。

（3）振荡中心电压周期性地降至接近零，其附近的电压摆动最大，随着离振荡中心距离的增加，电压波动逐渐减小，白炽照明随电压波动有不同程度的明暗现象。

（4）送端部分电网的频率升高，受端部分电网频率降低并略有摆动。

11.7.5 系统振荡产生原因

（1）电网发生严重故障，因故障切除时间过长，造成电网稳定破坏。

（2）大机组失磁，再同步失效，引起电压严重下降，导致邻近电网失去稳定。

（3）电网受端失去大电源或送端甩去大量负荷且受端发电厂功率调整不当，引起联络线输送功率超过静稳定极限造成电网静稳定破坏。

（4）环状网络或多回路线路中，一回线路故障跳闸后电网等值阻抗增大且其他线路输送功率大量增加，超过静稳定极限，造成电网事故后静稳定破坏。

（5）大容量机组跳闸，使电网等值阻抗增加，并使电网电压严重下降，造成联络线稳定极限下降，引起电网稳定破坏。

（6）电网发生多重故障。

（7）其他因素造成稳定破坏。

11.7.6 系统振荡调控处置

（1）利用人工方法进行再同步。

1）各发电厂应提高无功出力，尽可能使电压提高到允许最大值。

2）频率升高的发电厂应立即自行降低出力，使频率下降，直至振荡消失或频率降至 49.8Hz 为止。

3）频率降低的发电厂就立即采取果断措施（包括使用事故过负荷和紧急拉路）使频率提高，直至 49.8Hz 以上。

（2）在下列情况下，应自动或手动解列事先设置的解列点：

1）非同步运行时，通过发电机的振荡电流超出允许范围，可能致使重要设备损坏。

2）主要变电站的电压波动低于额定值的75%，可能引起大量甩负荷。

3）采取人工再同步（包括有自动调节措施）3～4min内未能恢复同步运行。

4）当整个电网（或多部分）发生非同步运行，其损失将更大。

（3）电网发生振荡时，任何发电厂都不得无故从电网解列，在频率或电压严重下降威胁到厂用电的安全时，可按各厂现场事故处理规程中低频、低压保厂用电的办法处理。

（4）若由于发电机失磁而引起电网振荡时，现场值班人员应立即将失磁的机组解列。

注意事项：为便于值班调度员迅速、正确地处理电网振荡事故，防止电网瓦解，有条件时应事先设置振荡解列点。当采用人工再同步无法消除振荡时，可手动拉开解列点开关。

11.8 电网黑启动

11.8.1 黑启动定义

电网黑启动是指整个电力系统因故障全部停电后，利用自身的动力资源（柴油机、水力资源等）或外来电源带动无自启动能力的发电机组启动达到额定转速和建立正常电压，有步骤地恢复电网运行和用户供电，最终实现整个电力系统恢复的过程。黑启动是电网安全措施的最后一道关口。

11.8.2 黑启动基本原则

选择电网黑启动电站。一般水电机组用作启动电源最方便，但火电机组也应当能作为启动电源，问题是要具有热态再启动能力。根据黑启动电站情况将电网分割出多个子系统。如利用抽水蓄能机组启动迅速方便，耗费能量少，出力增长快，按水电站的地理位置将电网分割多个子系统，制订相应负荷恢复计划及断路器操作序列，并制定相应子系统的调度指挥权。

对电网在事故后的节点状态进行扫描，检测各节点状态，保证各子系统之间不存在电和磁的联系。各子系统各自调整及相应设备的参数设定和保护配置。各子系统同时启动子系统中具有自启动能力机组，监视并及时调整各电网的参变量水平（电压、频率）及保护配置参数整定，将启动功率通过联络线送至其他机组，带动其他机组发电。将恢复后的子系统在电网调度统一指挥下按预先制定的断路器操作序列并列运行，随后检查最高电压等级的电压偏差，完成整个网络的并列。恢复电网剩余负荷，最终完成电网的恢复。

11.8.3 黑启动调控处置

地调应根据本地区电网特点和上级调度黑启动方案，编制地区电网在系统全部停电后的快速恢复方案。如地区电网内部具有黑启动电源，则可编制内部黑启动电源开启后自行恢复 110kV 及以下电网，并在合适地点与主网同期并列的方案；如地区电网内部没有合适的黑启动电源，则应在上级调度黑启动方案的基础上，编制地区内 220kV 厂站带电后快速恢复本地区电网，以及配合上级调度尽快恢复主要厂站厂（所）用电的方案。各地区电网黑启动方案应报上级调度审核及备案。

电网黑启动恢复方案的程序应与电网一次接线方式保持对应，并根据电网发展情况滚动修订。编制黑启动方案时，应对调度管辖范围内电网进行分区，每个分区应有一到两处黑启动电源。对确定的黑启动电源，应每年进行机组黑启动试验，并加强管理，制定相应的现场运行规程。

电网全停后，应根据电网具体情况，将电网分为若干个独立的子网，子网应具有各自的启动电源，同时并行地进行恢复操作，任一子电网如因某些不可预料的因素导致恢复失败，不应影响其他子电网的恢复进程。电网全停事故后，在直流电源消失前，在确认设备正常后，现场值班人员应自行拉开除“黑启动保留开关”以外所有出线开关。

各启动子电网中具有自启动能力的机组启动后，为确保稳定运行和控制母线电压在规定范围，需及时接入一定容量的负荷，并尽快向本子电网中的其他电厂送电，以加速全电网的恢复。子电网内机组的并列：具有自启动能力的机组恢复发电后，应创造条件尽快带动其他机组启动，根据机组性能合理安排机组恢复顺序，尽快完成子电网内机组间的同期并列。子电网间的并列：各子电网之间在事先确定的同期点实现同期并列，逐步完成全电网的恢复。

黑启动过程中一般不进行保护定值的更改，此时后备保护可能失配，保护也有可能因灵敏度不足而拒动。

注意事项：

（1）黑启动初期低频振荡问题：黑启动机组送启动电源给临近电厂使其开启机组形成一个多电源的小电网后，可能出现低频振荡问题。为避免发生低频振荡，应尽量不用机组的快速励磁，并投入机组 PSS；考虑到电网间的联系电抗与电网的阻尼性成反比，应尽可能先给就近机组供电。若发生低频振荡，可通过调整网络结构来调整潮流，并进行控制。

（2）恢复过程中的频率控制：黑启动过程中应优先恢复水电等调节性能好的机组发电，承担调频调压的任务。负荷恢复时，先恢复小的直配负荷，再逐步恢复较大的直配负荷和电网负荷，负荷增加的速度应兼顾电网恢复时间和机组频率稳定等因素，允许同时接入的最大负荷量应确保电网频率下跌值小于 0.5Hz，一般一次接入的负荷量不大于发电出力的 5%，同时保证频率不低于 49Hz。

（3）恢复过程中的电压控制：为避免充电空载或轻载长线路引发高电压，可采取发电机高功率因数或进相运行、双回路输电线只投单回线、在变电站低压侧投电抗器、切除电容器，调整变压器分接头，增带具有滞后功率因数的负荷等，应尽可能控制电压波动在 0.95～1.05 额定值之间。

11.9 发电机事故处理

发电机的故障类型主要分为发电机跳闸、发电机失磁、发电机非全相运行。

11.9.1 发电机跳闸处理方法

发电机跳闸后将造成电网有功、无功的功率缺额，也可能引起相关线路和变压器过负荷，应调整相邻机组出力，维持电网发用电平衡。然后根据发电机跳闸原因进行处理，如果是外部故障导致机组跳闸，经检查机组无异常后，应在外部故障消除后命令机组并网。

11.9.2 发电机失磁处理方法

发电机失磁后，从系统中吸收大量无功功率，引起电网电压下降，如果系统中无功功率储备不足，会破坏电网无功平衡，威胁电网稳定。同时由于电压下降，电网中其他发电机为维持有功输出，在自动励磁调整装置作用下增加发电子定子电流，可能会造成发电机因定子电流过高跳闸，使事故进一步扩大。如果发电机转入异步运行状态，则可能使电网发生振荡。

因此大型发电机失磁后，必须立即与电网解列，以避免造成电网事故。若发电机无法解列，则应该迅速降低发电机有功功率，同时增加其他发电机的无功功率，必要时在合适的解列点将机组解列。

11.9.3 发电机非全相运行处理方法

当发电机非全相运行时产生的三相负荷不平衡会对发电机产生危害，发电机转子发热，机组振动增大，定子绕组由于负荷不平衡出现个别相绕组端部过热。同时，系统中将产生零序电流，一旦零序电流达到定值，发电机相邻线路零序保护会动作，造成电网事故。

发电机一相断开，两相合入时，立即合入断开相；发电机一相合入，两相断开，立即将合入相断开；发电机发生非全相运行，且断路器闭锁，立即将发电机出力降至最低，再行处理。

(1) 发电机内部故障时，均按现场事故处理规程的规定进行处理。

(2) 发电机失去励磁时的处理方法如下：

1) 经过试验证明允许无励磁运行，且不会使电网失去稳定者，在电网电压允许的情况下，可不急于立即停机，而应迅速恢复励磁，一般允许无励磁运行 30min，其允许负荷由试验决定。

2) 未经无励磁运行试验或经证明不允许无励磁运行的机组，在失去励磁时，应立即与电网解列。

(3) 当发电机进相运行或功率因数较高时，由于电网干扰而引起失步者，应立即减少发电机有功，增加励磁，从而使发电机重新拖入同步。若无法恢复同步，可将发电机解列后，重新并入电网。

(4) 发电机允许的持续不平衡电流值，应遵守制造厂的规定。如无制造厂的规定时，一般按以下规定执行：

1) 在额定负荷下连续运行时，汽轮发电机三相电流之差不得超过额定值的 10%，10 万 kW 以下水轮发电机和凸极同步调相机三相电流之差，不得超过额定值的 20%，同时任一相的电流不得大于额定值。

2) 在低于额定负荷连续运行时，各相电流之差可大于上述规定值，限额须根据试验确定。

11.10　通信及自动化异常处理

11.10.1　通信异常对电网影响

（1）对保护和安全自动装置的影响。由于目前保护和安全自动装置的通道主要依赖电力专用通信通道，如果通信异常会直接影响纵联保护和安自装置的正常运行，甚至导致保护和安自装置的误动或拒动。

（2）对自动化系统影响。通信异常可能使调控机构的自动化系统与厂站端的设备通信中断，影响自动化设备正常运行。

（3）对调控电话影响。调度员与厂站人员无法联系，调控业务无法进行，当电网发生事故后，无法了解电网状况，影响事故处理。

11.10.2　自动化系统异常对电网影响

当调控机构电网自动化系统异常时，会导致运行人员无法监视电网装填，影响正常调控工作。当AGC、AVC等系统异常时，无法对现场设备下发指令，从而导致频率和电压偏离目标值。目前电网规模越来越大，调控机构都配置调控高级应用软件，在自动化系统异常情况下，又发生电网事故，很可能贻误事故处理最佳时机，造成灾难性后果。

11.10.3　调度电话中断时处理

（1）地调与直接调度的发电厂或变电运维站（班）、变电站之间通信中断时（指调度电话、系统电话、市内电话、移动电话），地调可通过有关上下级调度转达调度业务。

（2）当发电厂或变电运维站（班）、变电站与各级调度通信中断时，可采取以下方法处理：

1）有调频任务的发电厂，仍负责调频工作，其他各发电厂按本规程中有关规定协助调频，各发电厂还应按规定的电压曲线调整电压。

2）并网发电厂的出力，应按照最近的机组计划出力曲线执行，厂内如有备用容量，应根据电网频率、电压及联络线潮流等情况由发电厂掌握使用。一切预先批准的计划检修项目，此时都应停止执行。

3）发电厂与变电站的主接线，应尽可能保持不变。

4）正在进行检修的厂、站内部（不包括线路开关、闸刀设备），通信中断期间检修工作结束可以复役时，在不影响主电网运行方式、继电保护整定配合及电网潮流不超过规定限额的情况下，可以投入运行，否则只能转为备用。

（3）若电网发生事故，发电厂、变电运维站（班）、变电站、各级调度与地调通信中断，同时发电厂、变电运维站（班）、变电站与省调、县调通信也中断，发电厂、变电运维站（班）、变电站可根据地调规程和现场事故处理规程迅速进行必要处理，并应采取一切可能的办法与地调取得联系，必要时可用交通工具尽快与地调取得联系。

（4）事故时凡能与地调取得联系的县调和发电厂、变电运维站（班）、变电站都有责任转达地调的调度指令和联系事项。

（5）通信中断时，若电网发生事故，现场值班人员按如下规定处理：

1）线路故障：

a. 终端线路跳闸后，重合未成，强送一次，强送不成开关转冷备用。

b. 110kV电网联络线、环网线路（包括双回线）故障跳闸，投检无压的重合闸一端在验明无电压线路后，可强送电一次，强送不成应将该开关改为冷备用。对于联络线的另一端，开关跳闸后如线路有电则自行同期并列；如果无并列装置，母线有电不作处理，母线无电应将该开关改运行等待受电。

c. 没有同期并列装置的联络线开关跳闸，虽然开关两侧有电，现场运维人员也不得自行合闸。

2）发电厂与电网解列时：

a. 解列的联络线有电时，应从解列点迅速并列。

b. 若联络线已停电，现场值班人员应拉开进线开关，等待线路来电后进行同期并列。

3）值班调度员确知联络线已无电，可下令由一端试送。

11.10.4 自动化系统异常处理

（1）调度自动化系统异常并影响到地调值班监控员对系统电压调整时，地调值班监控员应立即停用AVC系统，通知运维单位对相关厂站的电压进行人工调整。

（2）调度自动化系统异常并影响到值班调度员正常系统操作或事故处理时，值班调度员应采取以下措施：

1）暂缓正常的系统操作。

2）对于改善系统运行方式的重要操作及事故处理应及时进行，但此时应与现场仔细核对运行方式。

3）根据应急预案采取相应的电网监视和控制措施。

（3）因调度自动化系统异常影响到值班调度员对数据的统计及管理时，值班调度员应及时与自动化值班人员联系，自动化值班人员应及时通知有关人员处理，短时无法恢复时应采用人工方法统计生产数据，保证调度工作的正常进行。

（4）若发生电网事故，应详细了解现场运行情况，包括断路器、隔离开关位置，有关线路潮流，有无工作，附近厂站运行情况等，再行进一步处理。若自动化系统发生严重故障且短时无法恢复，可以启动备调。